图解装饰装修工程施工细部做法 100 讲

主编　曹　菲　佟　芳

哈尔滨工业大学出版社

内 容 简 介

本书根据最新颁布的规范、规程编写,主要包括抹灰工程施工细部做法、门窗工程施工细部做法、吊顶工程施工细部做法、内饰面装修工程施工细部做法、楼地面工程施工细部做法、外墙面装修工程施工细部做法、涂饰工程施工细部做法、住宅装饰中的特殊工程施工细部做法等内容。

本书简明、实用,可供从事建筑装饰装修工程施工的人员参考使用,也可供从事建筑装饰装修工程设计人员参考。

图书在版编目(CIP)数据

图解装饰装修工程施工细部做法 100 讲/曹菲,佟芳主编. ——
哈尔滨:哈尔滨工业大学出版社,2017.11
ISBN 978 - 7 - 5603 - 6372 - 1

Ⅰ.①图… Ⅱ.①曹… Ⅲ.①建筑装饰-工程施工-
图解 Ⅳ.①TU767-64

中国版本图书馆 CIP 数据核字(2016)第 322153 号

策划编辑 郝庆多
责任编辑 张 瑞
出版发行 哈尔滨工业大学出版社
社 址 哈尔滨市南岗区复华四道街 10 号 邮编 150006
传 真 0451 - 86414749
网 址 http://hitpress.hit.edu.cn
印 刷 黑龙江艺德印刷有限责任公司
开 本 787mm×1092mm 1/16 印张 12.5 字数 300 千字
版 次 2017 年 11 月第 1 版 2017 年 11 月第 1 次印刷
书 号 ISBN 978 - 7 - 5603 - 6372 - 1
定 价 29.00 元

(如因印装质量问题影响阅读,我社负责调换)

编　委　会

主　编　曹　菲　佟　芳
副主编　张　琦
参　编　周东旭　沈　璐　于海洋　史宪莹
　　　　苏　健　马广东　白雅君　张明慧
　　　　杨　杰　王红微　董　慧　何　影
　　　　宋春亮　周　晨

前　言

　　随着国民经济的飞速发展和人们物资文化生活的不断提高,建筑装饰装修在人们的生活中变得越来越重要。建筑装饰装修工程施工对于改善建筑内外空间环境的条件,提高建筑物的热工、声响、光照等物理性能,并结合防火、防盗、防震以及防水等各种安全措施的完善,优化人们生活和工作的物质环境,具有显著的实际意义。同时,通过装饰装修对于建筑空间的合理规划及艺术分隔,配以各类方便使用并具有装饰装修价值的设置和家具等,增加了建筑的有效面积,对于创造完备的使用条件,有着不可替代的作用。而随着装饰装修行业的发展,此行业的人才也越来越受重视,为此我们编写了此书。

　　本书根据最新颁布的规范、规程编写,主要包括抹灰工程施工细部做法、门窗工程施工细部做法、吊顶工程施工细部做法、内饰面装修工程施工细部做法、楼地面工程施工细部做法、外墙面装修工程施工细部做法、涂饰工程施工细部做法、住宅装饰中的特殊工程施工细部做法等内容。

　　本书由大连海洋大学曹菲和天津工程职业技术学院佟芳任主编。具体编写分工如下:第1~3章由曹菲编写;第4~6章由佟芳编写;第7~8章由张琦编写。同时感谢姚明鸽、刘美玲、王营、曲秀明、王帅、颜廷荣、白雅君、杨君、林娟、王红微、董慧、何影、宋春亮、周晨等人为本书所做的贡献。

　　本书简明、实用,可供从事建筑装饰装修工程施工的人员参考使用,也可供从事建筑装饰装修工程设计人员参考。

　　由于编者的经验和学识有限,尽管尽心尽力,但内容难免有疏漏之处,敬请专家、读者批评指正。

编　者

2017 年 6 月

目　录

第1章　抹灰工程施工细部做法

1.1　一般抹灰

第1讲　墙面抹灰施工

（1）墙和柱的护角。一般在抹灰前首先在内墙阳角、门洞转角及柱子四角等处，用强度比较高的1∶2水泥砂浆抹出护角或预埋角钢做护角，墙和柱的护角如图1.1所示。护角高度由地面起，为1.5~2 m，然后再做底层及面层抹灰。

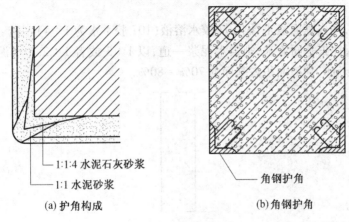

1:1:4 水泥石灰砂浆
1:1 水泥砂浆

(a) 护角构成

角钢护角

(b) 角钢护角

图1.1　墙和柱的护角

（2）抹灰木引条。外墙面抹面通常面积较大，为方便施工及满足立面处理的需要，一般将抹灰层事先进行嵌木条分格，做成引条。抹灰木引条做法如图1.2所示。

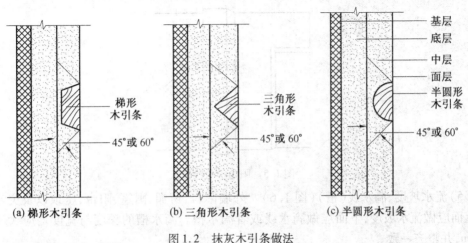

梯形木引条
45°或60°

(a) 梯形木引条

三角形木引条
45°或60°

(b) 三角形木引条

基层
底层
中层
面层
半圆形木引条
45°或60°

(c) 半圆形木引条

图1.2　抹灰木引条做法

（3）抹灰基面清理。

①砖石、混凝土等基面清理（图1.3）。砖石及混凝土等基面的灰尘、污垢以及油渍等需清理干净，并洒水润湿。

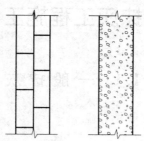

图1.3　砖石、混凝土等基面清理

②加气混凝土基面清理（图1.4）。加气混凝土基面的清理方法为：

a. 开始抹灰前24 h应该在墙面浇水2~3遍，抹灰前1 h再浇水1~2遍，随即刷水泥浆一道。

b. 浇水一遍，冲去基面渣末，刷107胶水溶液（107胶：水为1：4）一道。

c. 浇水一遍，冲去基面渣末，刷索水泥浆一道，以1：3或者1：2.5水泥砂浆在基面上刮糙，厚度约为5 mm，刮糙面积占基面的70%~80%。

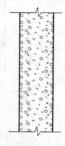

图1.4　加气混凝土基面清理

（4）阳角护角线抹灰（图1.5）。室内墙面、柱面以及门洞口的阳角，应用1：2的水泥砂浆做护角线，且其高度应等于或高于2 m，每侧抹灰宽度应等于或者大于50 mm。

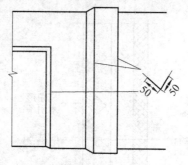

图1.5　阳角护角线抹灰

（5）流水坡度、滴水线（槽）（图1.6）。外墙阳台、窗楣、雨篷、阳台、压顶以及突出腰线等，上面应做流水坡度，下面应做滴水线或者滴水槽。滴水槽的深度与宽度均应大于等于10 mm，并整齐一致。

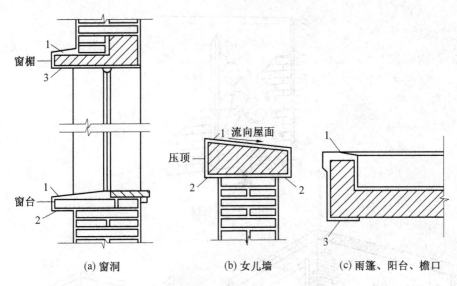

图 1.6 流水坡度、滴水线(槽)示意图
1—流水坡度;2—滴水线;3—滴水槽

(6)找规矩。抹灰前必须首先找好规矩:四角规方、横线找平、立线吊直,弹出准线、墙裙及踢脚板线。

普通抹灰找规矩:先用托线板检查墙面平整垂直程度,大致决定抹灰的厚度(最薄处通常不小于 7 mm),再在墙的上角各做一个大小 5 cm 见方的标准灰饼(用打底砂浆或 1∶3 水泥砂浆,也可以用水泥、石灰膏和砂比例为 1∶3∶9 的混合砂浆,遇有门窗口垛角处要补做灰饼),厚度依据墙面平整垂直度决定,如图 1.7 所示。然后根据这两个灰饼用托线板或者线坠挂垂直做墙面下角两个标准灰饼,其高低位置一般在踢脚线上口,厚度以垂直为准,再用钉子钉在左右灰饼附近的墙缝里,拴上小线挂好通线,并根据小线位置每隔 1.2~1.5 m 上下加做若干标准灰饼,如图 1.8(a)所示,待灰饼稍干后,在上下灰饼之间抹上宽约 10 cm 的砂浆冲筋,以木杠刮平,厚度与灰饼相平,待稍干以后可以进行底层抹灰。

凡在门窗口、垛角处必须做灰饼,如图 1.8(b)所示。

当层高大于 3.2 m 时,应从顶到底做灰饼标筋,在架子上可由两个人同时操作,使一个墙面的灰饼标筋出进保持一致,如图 1.9 所示。

(7)做明护角及暗护角。为了既防止破坏石灰砂浆抹灰,又起冲筋作用,需在门窗洞口以及凸出的阳角处做水泥砂浆护角,并且用水泥浆捋出小圆角,即为护角,有明护角及暗护角之分。

①暗护角做法(图 1.10)。在墙面抹灰前清扫浇水,根据灰饼厚度抹上水泥砂浆,粘好八字靠尺并找好部位吊直,用 1∶3 水泥砂浆分层抹平,等砂浆稍平,再以水泥浆捋出小圆角。

②明护角做法(图 1.11)。在底子灰抹完之后,再做护角。此时要在距阳角 5 cm 墙面,把石灰砂浆垂直切成直槎,将砖上石灰砂浆清理干净。其方法为先用 1∶3 水泥砂浆抹上一层,随后靠上八字靠尺。参照墙面阳角抹平,隔夜后再靠上八字靠尺,以水泥砂浆抹出一条凸出墙面宽 5~7 cm 的条带,切齐边口,用捋角器捋成圆角即可。

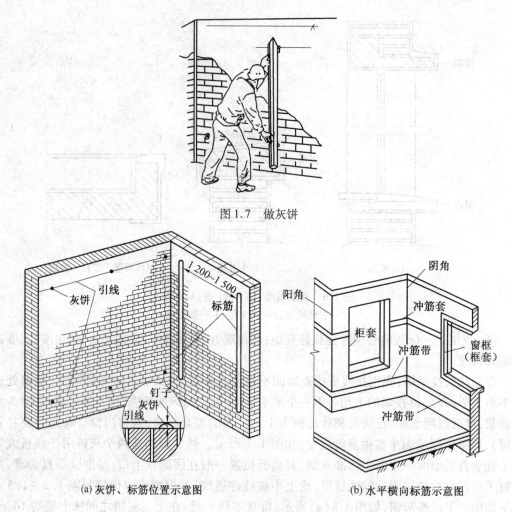

图1.7　做灰饼

(a)灰饼、标筋位置示意图　　　(b)水平横向标筋示意图

图1.8　挂线做标准灰饼及冲筋

图1.9　墙高3.2 m以上灰饼做法

(8)阴角的扯平找直(图1.12)。对墙的阴角,应首先用方尺上下核对方正,然后再用阴角器上下抽动扯平,直到室内四角方正为止。

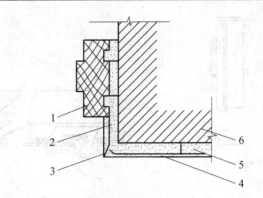

图 1.10　暗护角

1—窗口;2—水泥砂浆;3—素水泥浆圆角;4—面层;

5—石灰砂浆;6—基层

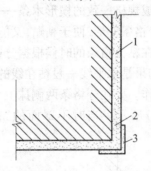

图 1.11　明护角

1—石灰砂浆;2—水泥砂浆;3—水泥砂浆明护角线

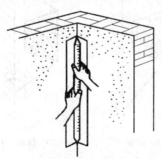

图 1.12　阴角的扯平找直

(9)砖墙抹水泥砂浆。

①抹底子灰。在抹外墙混水墙面做灰饼时,除了拉横线之外,垂直方向也要做灰饼,再在这两个灰饼上下拉线,每步架子做一个灰饼。在底灰刮平之后,还须在底子灰上划毛,以便于与面层黏结牢固。墙裙、踢脚的底子灰比实际尺寸要高出 5 mm。抹好罩面灰以后依据水平线用粉线包弹出高度尺寸,把八字靠尺靠在线上用抹子切齐,再用小阳角抹子(图 1.13)捋光上口,然后再压光。如果地面是先做好的,可钉板凳尺去切踢脚上口,就不需要弹线了。板凳尺是用长约为 1.5 m 的八字靠尺,根据踢脚高度钉在小木板上做成的。板凳尺立在地面上即是踢脚上口,如图 1.14 所示。

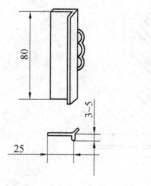 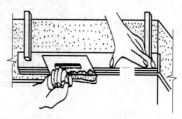

图 1.13　小阳角抹子　　　　　图 1.14　踢脚上口

②利用分格条抹水泥。在室外抹水泥砂浆,因为墙面的面积较大,所以为避免水泥砂浆收缩以后产生裂缝,通常要分格。其具体做法是:在底子灰抹完以后根据尺寸用粉线包弹出分格线。采用不易变形的木材制成规格一致的楔形木条——分格条。分格条使用之前要放在水中泡透,这样做既可以防止分格条变形,便于粘贴,又能很容易地将分格条取出来,而且能保证分格条两侧的灰口整齐。在粘分格条的时候根据分格尺寸将分格条断好。在分格条的小面用钢皮抹子抹上水泥浆,如果是水平线一般粘在线的下口,如果是垂直线则粘在线的左侧,这样比较容易观看,方便操作。要在分格条两侧抹上水泥浆呈八字形。当天抹罩面灰的可以抹成45°角,如图 1.15(a)所示。当时不罩面的"隔夜条"应该抹得陡一些,如图 1.15(b)所示。

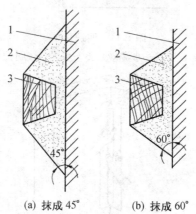

(a) 抹成 45°　　　　　(b) 抹成 60°

图 1.15　利用分格条抹水泥
1—基层;2—水泥浆;3—分格条

(10)外墙窗台抹灰(图 1.16)。外墙窗台抹灰之前,窗框下缝隙必须用水泥砂浆填实,避免雨水渗漏;抹灰面应缩进窗框下 1 cm 左右,慢弯抹出泛水。当为钢、铝合金窗时,窗台处抹灰应低于窗框下 1 cm。

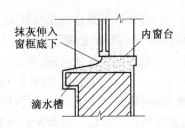

图 1.16　外墙窗台抹灰做法

第2讲　顶棚抹灰施工

（1）混凝土顶棚抹灰。抹灰前用粉线包在靠近顶棚的墙上弹一条水平线,作为抹灰找平的依据。抹灰时,操作者身体略侧偏,一脚在前,一脚在后,呈丁字步站立。两膝稍前弓,身体稍后仰。一手持抹子,一手持灰板,一种方法是抹子向前伸,另一种方法是抹子向后拉。混凝土顶棚抹灰方法示意图如图 1.17 所示。

抹第一遍底子灰的时候,抹灰厚度越薄越好。当抹第二遍的时候,如底层吸水快,应该及时洒水。第二遍灰也应该先由边上开始,并用木杠找平。操作方法与抹第一遍灰相同,抹完以后用软刮尺顺平,木抹子搓平。

待底灰第二遍灰有六七成干时就可罩面了。如果墙面过干,应稍洒水,然后立即罩面。罩面灰分两遍成活,第一遍越薄越好,紧跟着抹第二遍,抹第二遍时抹子要稍平。抹完后等灰稍干用钢皮抹子顺着抹纹压实压光。在压光时要注意室内光线方向,应该顺光赶压。

图 1.17　混凝土顶棚抹灰方法示意图
1—灰板;2—抹子

（2）混凝土顶棚抹灰线。

①死模的操作。在操作时首先要根据墙和柱子上的水平线在立墙上弹四周灰线的控制线。再根据模子垂直方向,做出四角灰饼,定出上下稳尺的位置。再弹线,按线稳尺。稳尺方法是将靠尺用一份纸筋灰、一份水泥的混合灰粘贴,或者是用石膏粘尺,也可把靠尺用钉子钉在砖墙的墙缝里。用靠尺靠平,出进上下要平直一致,粘贴要牢固,坐模后要上下灰口适当。稳好尺,以推拉模不卡不松为宜。靠尺两端要留出大于死模宽度的尺寸,以便安放和取出死模,要注意,稳压时要校正。

操作时先薄薄抹一层1∶1∶1水泥石灰混合砂浆和混凝土顶棚黏结牢固。随着用垫层灰一层一层抹,模子要随时推拉。即将成形时把模子倒拉一次,以便抹第三道出现灰、第四道罩面灰的时候不卡模子。第二天先用出线灰抹一遍,再用普通纸筋灰,一个人在前用合页式的喂灰板按在模子口处喂灰,另一个人在后推模,如图1.18(a)所示。喂灰的和推模的两人步调要一致,步子要稳。灰线大时,要从边上往下喂灰。用粗纸筋灰基本推出棱角,稍干后再用细纸筋灰推到棱角整齐光滑为止。在抹出线灰的时候模子只能往前推,不能向后拉,做完后将靠尺拆除。

如果是抹灰膏灰线,在形成出线棱角时,用1∶2石灰砂浆推出棱角,在六七成干时稍洒水,用石灰浆掺石膏罩面,通常用6∶4石膏灰浆(6份石膏和4份石灰膏),控制在7~10 min用完。也可用纯石膏掺水胶,操作方法与用纸筋灰基本一样。但是要注意的是,在操作前须做好准备工作,拌石膏应由专人负责,并与抹灰线连续进行,操作动作要快,以避免石膏灰在操作的时候硬化。

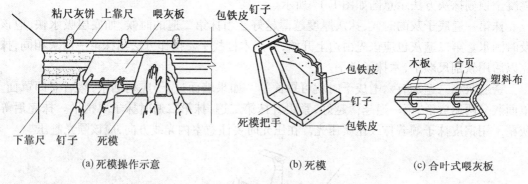

图1.18 灰线死模示意图

②活模的操作。活模的操作方法与只粘下靠尺的死模操作方法基本相同,一边粘尺一边冲筋,模子一边靠于靠尺板上,一边紧贴筋上,捋出线条。灰线活模示意图如图1.19所示。

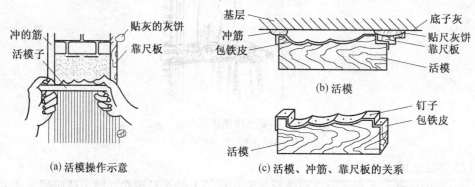

图1.19 灰线活模示意图

③圆形灰线活模。圆形灰线活模适用于室内顶棚上的圆形灯头灰线与外墙面门窗洞顶部半圆形装饰等灰线。其一端做成灰线形状的木模,另一端按照圆形灰线半径长度钻一钉孔,操作时将有钉孔的一端用钉子固定在圆形灰线的中心点上,另一端木模就可在半径范围内移动,捋抹出圆形灰线。

另外,在顶棚四角阴角处用木模无法捋到的灰线,需用灰线接角尺,使之于阴角处合拢。圆形灰线活模示意图如图 1.20 所示。

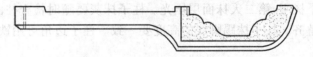

图 1.20　圆形灰线活模示意图

(3)预制混凝土楼板顶棚抹灰。顶棚抹灰之前,应做完上一楼层地面,并且用扫帚将顶板清扫干净,若有凸出部分,应该凿掉。视顶板湿润程度,用扫帚蘸水润湿顶板,然后用 1∶0.5∶4 水泥白灰砂浆抹底灰,底灰一般厚 7 mm。操作时分两遍抹,连续作业。第一遍要用力压实,使灰浆挤入顶板细小缝隙中,黏结牢靠。第二遍紧跟着抹,注意找平。如顶棚罩面灰为刮大白时,底灰搓平之后,还应该薄薄刮上一层白灰膏或者水泥白灰膏,用铁抹子将底灰砂眼填平,表面压光,刮大白工序可在墙面干燥以后进行。如果顶棚罩面灰为纸筋时,必须在底灰干到六七成的时候就进行纸筋灰罩面,其厚度一般为 2 mm。预制混凝土楼板顶棚抹灰如图 1.21 所示。

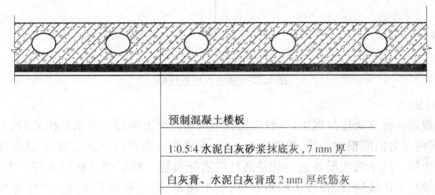

预制混凝土楼板

1∶0.5∶4 水泥白灰砂浆抹底灰,7 mm 厚

白灰膏、水泥白灰膏或 2 mm 厚纸筋灰

图 1.21　预制混凝土楼板顶棚抹灰

第 3 讲　柱抹灰施工

(1)方柱。

①找规矩。如果方柱为独立柱,应该按设计图纸所标志的柱轴线,测量柱子的几何尺寸和位置,在楼地面上弹上互相垂直的两个方向的中心线,并放出抹灰后的柱子边线,注意阳角都要规方。然后在柱顶卡固定上短靠尺,拴上线锤往下垂吊,并且调整线锤对准地面上的四角边线,检查柱子各面的垂直度和平整度。若柱面不超差,在柱四角距地坪和顶棚各 15 cm 左右处做标志块,如图 1.22 所示。如果柱面超差,应该进行处理,再找规矩,做标志块。

如果有两根或两根以上的柱子,应该先依据柱子的间距找出各柱的中心线,并用墨斗在柱子的四个面上弹上中心线,然后在一排柱子两侧柱子的正面上外边角(距顶棚 15 cm 左右)做标志块,再以此标志块为准,垂直挂线做下外边角的标志块,再上下拉水平通线做所有柱子正面上下两边标志块,每个柱子正面上下左右共做四个。依据正面的标志块,上下拉水平通线,做各柱反面的标志块。正面和反面标志块做完后,用套板中心对准柱子正面或者反面中心线,做柱两侧面的标志块。

②抹灰。柱子四面标志块做好之后,应该先在侧面卡固八字靠尺,抹正反面,再把八字靠尺板卡固正、反面,抹两侧面,其抹灰分层做法与混凝土顶棚相同。但是底、中层抹灰要用短木杠刮平、木抹子搓平,第二天抹面层压光。柱子抹灰要随时检查柱面上下垂直平整,边角方正,外形一致整齐。柱子抹踢脚线的高度要一致。柱子边角可用铁抹子顺线角轻轻抽拉。

砖壁柱抹灰与方柱相同,但是找规矩时要注意各个砖壁柱进出要一致,同墙交接的阴角处也要规方。抹灰时阴角要顺直。

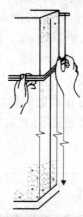

图1.22　独立方柱找规矩

（2）圆柱

①找规矩。独立圆柱找规矩,一般应先找出纵横两个方向设计要求的中心线,并在柱上弹上纵、横两个方向四根中心线,按四面中心点,在地面分别弹四个点的切线,就形成了圆柱的外切四边形。这个四边形各边长就是圆柱的实际直径。然后通过缺口木板的方法,由上四面中心线往下吊线锤,检查柱子的垂直度,如不超差,先在地面上再弹出圆柱抹灰后外切四边形,按以上方法制作圆柱抹灰套板。一般直径较小的圆柱,可以做半圆套板。若圆柱直径大,应该做四分之一圆套板,套板里口可以包上铁皮,如图1.23所示。

圆柱做标志块,可根据地面上放好的线,在柱子四面中心线处,先在下面做四个标志块,然后以缺口板挂线锤做柱子上部四个标志块。在上下标志块挂线,中间每隔1.2 m左右再做几个标志块,根据标志块抹标筋。

圆柱为两根以上或成排时,找规矩的方法应该与方柱一样。先找出柱子纵、横中心线,并分别都弹到柱上。以各柱进出的误差大小以及垂直平整误差,决定抹灰厚度。而后,先按独立圆柱做标志块的方法,做两端柱子的正侧面四面的标志块,并且制作圆形抹灰套板。然后拉通线,做中间各柱正、背面标志块。再用圆柱抹灰套板卡在柱上,套板中心对准柱子中心线,分别做中间各柱侧面上下的标志块,然后涂抹标志块。

②抹灰。抹灰分层做法和方柱相同,抹灰的时候用长木杠随抹随找圆,随时用抹灰圆形套板核对,当抹面层灰时,应该用圆形套板沿柱上下滑动,将抹灰层扯抹成圆形,最后再从上至下滑磨抽平,如图1.24所示。

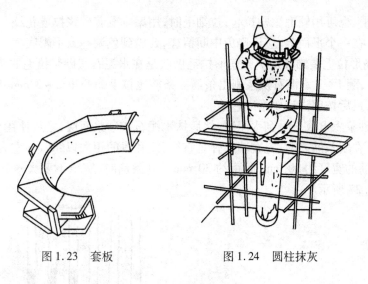

图 1.23　套板　　　　　　　　图 1.24　圆柱抹灰

1.2　装　饰　抹　灰

第 4 讲　水泥、石灰类装饰抹灰

拉毛装饰抹灰的基体处理,同于一般抹灰。中层砂浆涂抹后,先刮平,再用木抹子搓毛,待中层六七成干时,依据其干湿程度,浇水润湿墙面,然后涂抹面层(罩面)拉毛。

(1)水泥石灰砂浆拉毛装饰抹灰。水泥石灰砂浆拉毛主要有水泥石灰砂浆拉毛与水泥石灰加纸筋砂浆拉毛两种。水泥石灰砂浆拉毛多用于外墙装饰,水泥石灰加纸筋砂浆拉毛多用于内墙饰面。

水泥石灰砂浆罩面拉毛,待中层砂浆五六成干时,浇水湿润墙面,刮水泥浆,以确保拉毛面层与中层黏结牢固。

当罩面砂浆使用 1∶0.5∶1 水泥石灰砂浆拉毛时,通常一人在前刮素水泥浆,另外一人在后面进行抹面层拉毛。拉毛用白麻缠成的圆形麻刷子,把砂浆向墙面一点一带,带出毛疙瘩来,如图 1.25 所示。

图 1.25　水泥石灰砂浆拉毛

当用水泥石灰另加纸筋拉毛操作时,罩面砂浆配合比是一份水泥按拉毛粗细掺入适量的石灰膏的体积比。拉粗毛时掺入 5% 的石灰膏和石灰膏质量 3% 的纸筋,拉中等毛时掺 10% ~20% 的石灰膏和石灰膏质量的 3% 的纸筋,拉细毛时掺 25% ~30% 石灰膏及适量砂子。

拉粗毛时,在基层上抹 4~5 mm 厚的砂浆,以铁抹子轻触表面再用力拉回;拉中等毛时可以用铁抹子,也可用硬毛鬃刷拉起;拉细毛时,用鬃刷蘸着砂浆拉成花纹。

拉毛时,在一个平面上,应该避免中断留槎,要做到色调一致不露底。

(2)条筋形拉毛装饰抹灰。条筋形拉毛做法是在水泥石灰砂浆拉毛的墙面上,用专用刷子(图1.26),蘸1∶1水泥石灰浆刷出条筋。条筋比拉毛面凸出2~3 mm,稍干以后用钢皮抹子压一下,最后按照设计要求刷色浆。

待中层砂浆六七成干时刮水泥浆,然后抹水泥石灰砂浆面层,之后使用硬毛鬃刷拉细毛面,刷条筋。在刷条筋之前,先在墙上弹垂直线,线和线的距离以40 cm左右为宜,作为刷筋的依据。条筋的宽度约20 mm,间距约30 mm。刷条筋时,宽窄不要太一致,应该自然带点毛边,如图1.27所示。

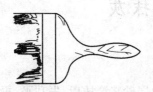

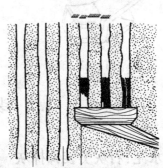

小拉毛 条筋 预先弹线

图1.26 刷条筋专用刷子   图1.27 条筋拉毛示意

(3)仿石抹灰。仿石抹灰,也称为仿假石,是在基层上涂抹面层砂浆,分出大小不等的横平竖直的矩形格块,用竹丝扎成能手握的竹丝帚,用人工扫出横竖毛纹或斑点,有如石面质感的装饰抹灰,如图1.28所示。

仿石抹灰基层处理以及底层、中层抹灰要求同于一般抹灰。中层要刮平、搓平、划痕。

墙面分格尺寸可大可小,一般可以分为25 cm×30 cm,25 cm×50 cm,50 cm×50 cm,50 cm×80 cm等几种组合形式。内墙仿石抹灰,可距离顶棚6 cm左右,下面与踢脚板相连。外墙上口用突出腰线与上面抹灰分开,下面可直接到底。

采用隔夜浸水的6 mm×15 mm分格木条,依据墨线用纯水泥浆镶贴木条。

面层抹灰前先要检查墙面干湿程度,并浇水湿润。

面层抹灰后,以刮尺沿分格条刮平,用木抹子搓平。等稍收水以后,用竹丝帚扫出条纹,如图1.29所示。

扫好条纹以后,立即分出格条,随手把分格缝飞边砂粒清洁干净,并用素灰勾好缝。

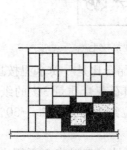

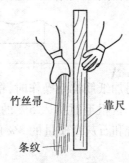

竹丝帚   靠尺

条纹

图1.28 仿石抹灰示意   图1.29 扫毛示意

第 5 讲　斩假石装饰抹灰

斩假石除一般抹灰常用的手工工具以外,还要备有专用的工具,如斩斧(剁斧),如图 1.30(a)所示;单刃斧或多刃斧,如图 1.30(b)所示;花锤(棱点锤),如图 1.30(c)所示;还有扁凿、尺凿、弧口凿以及尖锥等,如图 1.30(d)、(e)、(f)、(g)所示。

斩假石墙面在基体处理之后,即涂抹底层、中层砂浆。底层和中层表面应该刮毛。涂抹面层砂浆之前,要认真浇水湿润中层抹灰,并且满刮水灰比为 0.37 ~ 0.40 的纯水泥浆一道,按照设计要求弹线分格,粘分格条。

斩假石面层砂浆通常用白石粒与石屑,应该统一配料拌匀备用。

罩面时通常分两次进行。先薄薄地抹一层砂浆,稍收水以后再抹一遍砂浆与分格条齐平。用刮尺赶平,待收水后再用木抹子打磨压实。

面层抹灰完成以后,不能受烈日暴晒或是遭冰冻。常温下养护时间通常为 2 ~ 3 d,其强度应该控制在 5 MPa。

面层斩剁时,应先进行试斩,以石子不脱落为准。

斩剁之前,应该先弹顺线,相距约 10 cm,按线操作,防止剁纹跑斜。斩剁时必须保持墙面湿润,如果墙面过于干燥,应予以蘸水,但是斩剁完部分,不得蘸水。

斩假石按质感分有立纹剁斧与花锤剁斧,如图 1.31 所示,可以根据设计选用。为了便于操作和提高装饰效果,棱角以及分格缝周边适合留 15 ~ 20 mm 镜边。镜边也可以与天然石材处理方式一样,改为横方向剁纹。

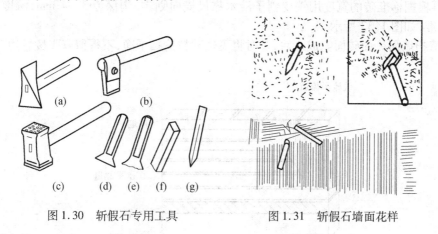

图 1.30　斩假石专用工具　　　　　图 1.31　斩假石墙面花样

第 6 讲　拉假石装饰抹灰

拉假石为斩假石的另外一种做法。用 1∶2.5 水泥砂浆打底,抹面层灰之前先刷水泥浆一道。

面层抹灰使用 1∶2.5 水泥白云石屑浆刷 8 ~ 10 mm 厚,面层收水以后用木抹子搓平,然后压实压光。水泥终凝后,用抓耙依着靠尺按同一方向抓,如图 1.32 所示。

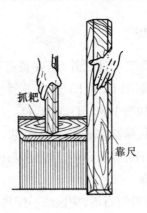

图1.32　拉假石

第7讲　假面砖抹灰

（1）抹底层、中层灰。依据不同的基体，抹底层灰之前可以刷一道胶黏性水泥浆，然后抹1:3水泥砂浆，每层的厚度最好控制在5~7 mm。分层抹灰抹至与冲筋平时用木杠刮平找直，木抹搓毛，每层抹灰不宜跟得太紧，避免收缩影响质量。

（2）涂抹面层灰、做面砖。

①涂抹面层灰之前应先把中层灰均匀洒水湿润，再弹水平线，按照每步架子为一个水平作业段，然后上中下弹三条水平通线，以便于控制面层划沟平直度，先抹1:1水泥结合层砂浆，厚度为3 mm，紧接着抹面层砂浆，厚度为3~4 mm。

②待面层砂浆稍收水后，先以铁梳子沿木靠尺由上向下划纹，深度控制在1~2 mm为宜，然后再根据标准砖的宽度用铁皮刨子沿木靠尺横向划沟，沟深为3~4 mm，深度以露出层底灰为准，如图1.33所示。

（3）清扫墙面。面砖面完成之后，及时将飞边砂粒清扫干净，不得留有飞棱卷边现象。

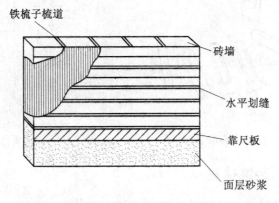

图1.33　假面砖操作示意图

第8讲　苇箔钢板网抹灰

第一道底子灰用1:3:6水泥砂子麻刀灰，抹灰厚度为2 mm。第二道用1:1:5水泥石灰砂浆。

找平层用1:2.5石灰砂浆，厚度为6 mm。罩面层用纸筋灰及麻刀灰罩面，厚度为2 mm。

抹第一道底子灰时,要将灰浆挤入钢板网中,紧跟着抹第二道底子灰。要把第二道压入第一道灰中。当第二道灰六七成干之后抹找平层,然后当找平层六七成干以后抹罩面层,如图1.34所示。

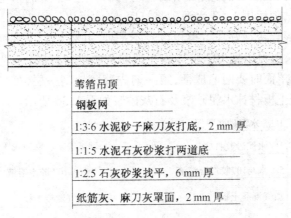

苇箔吊顶

钢板网

1:3:6 水泥砂子麻刀灰打底,2 mm 厚

1:1:5 水泥石灰砂浆打两道底

1:2.5 石灰砂浆找平,6 mm 厚

纸筋灰、麻刀灰罩面,2 mm 厚

图1.34 苇箔钢板网抹灰

第9讲 板条、苇箔吊顶抹灰

抹灰应该由墙角开始,沿垂直板条方向,用铁抹子来回压抹,将底灰挤入板条缝格和金属网的缝中,同板条、金属网黏结牢固,再使用木抹子搓毛或者用扫帚扫成均匀麻面。

板条抹灰第一道底子灰要横着板条方向抹,并挤入板条缝隙。苇箔抹灰,第一道底子灰顺着苇箔方向抹。第二道小砂子灰要紧跟头道底子灰抹,并且压入头道底子灰中。找平层要在第二道底子灰干燥度达到70%～80%时开始抹,如果底层灰过度干燥,应洒水湿润,抹灰用铁抹子按照鱼鳞式涂抹压实,以靠尺找平,留出罩面灰的厚度,并搓出毛面。罩面灰在找平层六七成干时,顺着板条或是苇箔方向抹,要做到接槎平整,抹纹顺直。

大面积板顶棚抹灰,要加麻钉。在每根小龙骨上,每隔30 cm 错开钉上预先拴好麻丝的铁钉(钉长25 mm,麻丝长30～40 cm),抹底灰时,把麻丝的一半顺板方向分两股压入灰中,另一半在抹中层灰时,按其横板条方向左右分开抹入灰浆中,如图1.35所示。

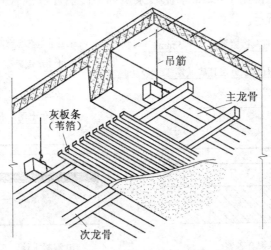

吊筋

主龙骨

灰板条
(苇箔)

次龙骨

图1.35 板条、苇箔吊顶抹灰

第10讲　加气混凝土板材抹水泥砂浆及石灰砂浆

在抹灰前先将墙面浇水湿润,然后用刷子均匀刷一遍5∶1的水与107胶的混合溶液,再薄薄地刮一遍底子,随后用1∶3水泥砂浆打底,隔两天以后用1∶2.5水泥砂浆罩面。在抹石灰砂浆前,先用混合灰补好缺棱掉角以及不平处,并将墙面浇水湿润,再用刷子刷一遍20%的107胶水溶液,也可以把107胶拌和在纸筋灰中进行打底,一般掺量为10%,罩面用纸筋灰或者麻刀灰。罩面时要两遍成活,第一遍先薄薄地刮一层,第二遍找平,做法与一般抹灰相同。加气混凝土板材抹水泥砂浆及石灰砂浆如图1.36所示。

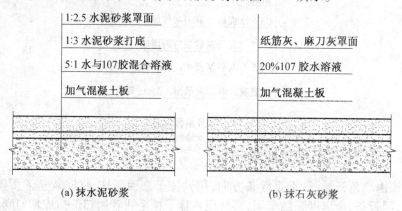

（a）抹水泥砂浆　　　　　　　　（b）抹石灰砂浆

图1.36　加气混凝土板材抹水泥砂浆及石灰砂浆

第11讲　砖墙面抹混合砂浆与混凝土墙、石墙抹水泥砂浆

一般情况下,砖墙抹混合砂浆首先用1∶0.3∶3水泥石灰砂浆分层打底,厚度为13 mm,其次用1∶0.3∶3水泥石灰砂浆罩面,厚度为5 mm。当混凝土墙面抹混合灰浆的时候,先浇水湿润,再刷水泥浆一道,随即抹底子灰。

混凝土墙、石墙抹水泥砂浆时,首先要在混凝土墙或石墙上刮一道水泥浆,然后以1∶3水泥砂浆分层打底,最后使用1∶2.5水泥砂浆罩面。砖墙面抹混合砂浆与混凝土墙、石墙抹水泥砂浆如图1.37所示。

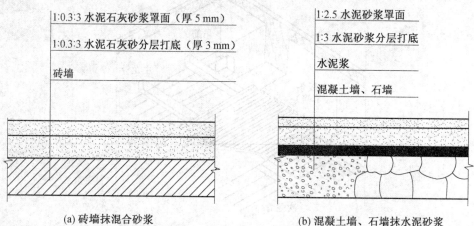

（a）砖墙抹混合砂浆　　　　　　（b）混凝土墙、石墙抹水泥砂浆

图1.37　砖墙面抹混合砂浆与混凝土墙、石墙抹水泥砂浆

第 12 讲　楼梯踏步抹灰

清理基层,并用水冲洗,然后根据休息平台水平线按上下两头踏步口弹一斜线作为分步标准,操作的时候踏步角对在斜线上,最好弹出踏步的宽度与高度以后再操作,如图 1.38 所示。然后浇水湿润,扫水泥浆一道,开始抹底子灰,先抹立面(踢板),再抹平面(踏板),由上往下抹,抹立面时用八字尺压在上面,按照尺寸留出灰口,依八字尺用木抹子搓平,如图 1.39(a)所示,再将八字尺支在立面上抹平面,依尺用木抹子搓平,如图 1.39(b)所示,出棱后把底子灰刮糙第二天罩面。罩面时根据砂浆的干湿程度先抹上几步,再返上去压光,以阴阳角抹子把阴阳角捋光。完工后 24 h 开始浇水养护,强度未满足要求之前严禁上人。

踏步的防滑条,在罩面时一般在踏步口进出约 4 cm 处粘上宽 2 cm 厚 7 mm 的米厘条。米厘条事先用水泡透,小口朝下用素灰贴上,将罩面灰与米厘条抹成一平面,达到强度之后取出米厘条,再在槽内填 1∶1.5 水泥金刚砂浆,高出踏脚 4 mm,用圆角阳角抹子捋实、捋光,再使用小刷子将金刚砂粒刷出。防滑条的另一种做法是在抹完罩面灰后,立即用一刻槽尺板将防滑条位置的罩面灰挖掉来代替米厘条,还可用弹线切割方法成活。

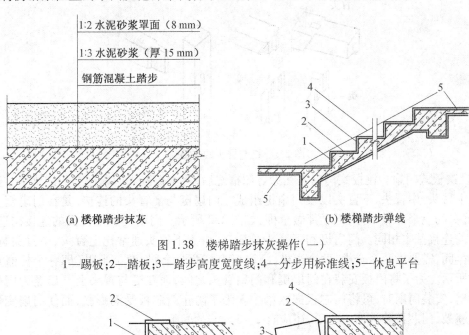

　　(a) 楼梯踏步抹灰　　　　　　　　　(b) 楼梯踏步弹线

图 1.38　楼梯踏步抹灰操作(一)

1—踢板;2—踏板;3—踏步高度宽度线;4—分步用标准线;5—休息平台

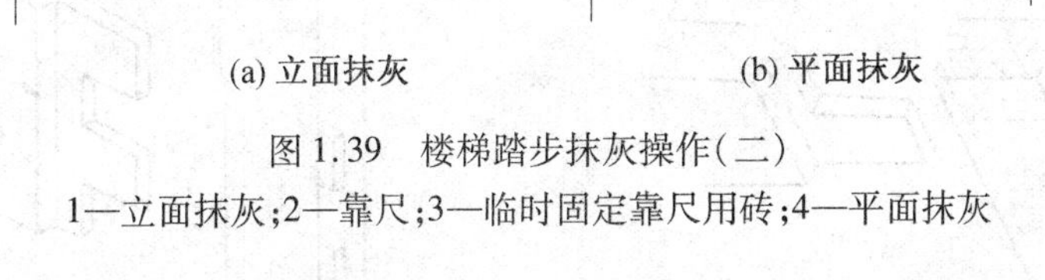

　　(a) 立面抹灰　　　　　　　(b) 平面抹灰

图 1.39　楼梯踏步抹灰操作(二)

1—立面抹灰;2—靠尺;3—临时固定靠尺用砖;4—平面抹灰

第2章 门窗工程施工细部做法

2.1 装饰木门窗安装

第13讲 木装饰门的制作

(1)木门框。门框由冒头(横档)和框梃(框柱)组成。有门上窗时,在门扇和门上窗之间设中贯横档。门框架各连接部位均是用榫眼连接的。按照规矩,框梃与冒头的连接,是在冒头上打眼,框梃上做榫。梃和中贯档的连接是在框梃上打眼,中贯档两端做榫。梃与冒头的连接如图2.1所示。

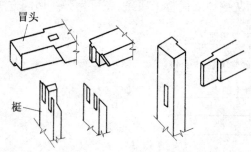

图2.1 梃与冒头的连接

(2)镶板式门扇。镶板式门扇是在做好门框之后,将木板嵌入门扇框上的凹槽中。其门扇框由上冒头、中冒头、下冒头以及门扇梃组成。门扇梃与上冒头的连接,是在门扇梃上打眼,上冒头的上半部做半榫,下半部做全榫,如图2.2所示。门扇梃和中冒头的连接构造,与上冒头的连接基本相同。门扇梃和下冒头的连接,由于下冒头通常比上冒头、中冒头宽,为了连接牢固,需要做两个全榫、两个半榫,门扇梃上打两个全眼、两个半眼(即一个长槽),如图2.3所示。为了将门板安装在门扇梃和门扇冒头之间,而在梃与冒头上开出宽为门板厚度的凹槽,安装门扇时,可将门芯板嵌入槽中。为了防止门芯板受潮膨胀,而使门扇变形或门芯板翘鼓,门芯板装入槽内之后,还应有2~3 mm的间隙。

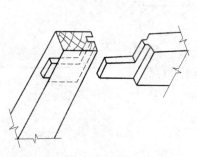

图2.2 门扇梃与上冒头的连接

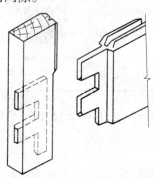

图2.3 门扇梃与下冒头的连接

第 14 讲　木装饰窗的制作

（1）木窗由窗框与窗扇组成,在窗扇上按设计要求安装玻璃,木窗的构造形式如图 2.4 所示。

①窗框。窗框由梃、上冒头以及下冒头等组成,有上窗时,要设中贯横档。

②窗扇。窗扇由上冒头、下冒头、窗梃以及窗棂等组成。

③玻璃。玻璃安装在冒头、门框梃和窗棂之间。

（2）木窗的连接采用榫连接。根据规矩,是在梃上凿眼,冒头上开榫。如果采用先立窗框之后再砌墙的安装方法,应在上、下冒头两端留出走头（延长端头）,走头长 120 mm。

窗梃与窗棂之间的连接,也是在梃上凿眼,窗棂上做榫。

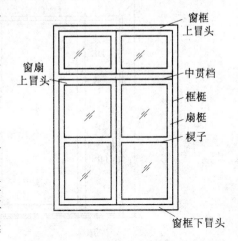

图 2.4　木窗的构造形式

第 15 讲　悬挂式推拉门（窗）安装

（1）根据+50 cm 水平线与坐标基准线,弹线确定上梁、侧框板以及下导轨的安装位置。

（2）用螺钉将上梁固定在门洞口的顶部。

（3）对有侧框板的推拉门,截出适当长度的侧框板,用螺钉将其固定在洞口墙体侧面。

（4）拆下挂件上的螺栓及螺母,把挂件及其滚轮套在工字钢滑轨上,再将工字钢滑轨用螺钉固定在上梁底部。

（5）用膨胀螺栓或者塑料胀管把下导轨固定在地面上。

（6）将悬挂螺栓装入门扇上冒头顶端的专用孔内,用木楔将门扇顺下导轨垫平,再用螺母把悬挂螺栓与挂件固定。

（7）将木门左、右推拉,检查门边与侧框板吻合与否,如果发现门边与侧框板之间的缝隙上下不一样宽,则卸下门,进行刨修之后再安装到挂件上。

（8）在门洞侧面固定橡皮门止。

（9）检查推拉门,一切合适后,将门贴脸安上。悬挂式推拉门如图 2.5 所示。

第 16 讲　下承式推拉门（窗）安装

（1）弹线确定上、下以及侧框板的安装位置。

（2）用螺钉将下框板固定于洞口底部。

（3）对有侧框板的推拉门,截出适当长度的侧框板,用螺钉将其固定在洞口墙体侧面。

（4）截出准确长度的上框板,以螺钉将其固定在洞口顶部。

（5）在下框板将钢皮滑槽安装位置准确画出,用扁铲剔修与钢皮厚度相等的木槽,并用胶黏剂把钢皮滑槽粘在木槽内。

（6）用胶黏剂把专用轮盒粘在下冒头下的预留孔里。

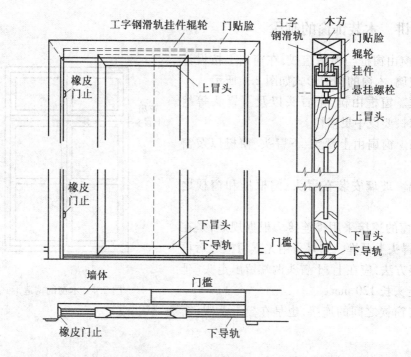

图2.5 悬挂式推拉门

　　(7)将门(窗)扇装上轨道,左右推拉,检查门(窗)边与侧框板之间的缝隙上下等宽与否,如不相等,把门(窗)扇卸下,刨修之后再安装就位。

　　再次检查推拉门(窗),一切合适后,将贴脸安上。下承式推拉门如图2.6所示。

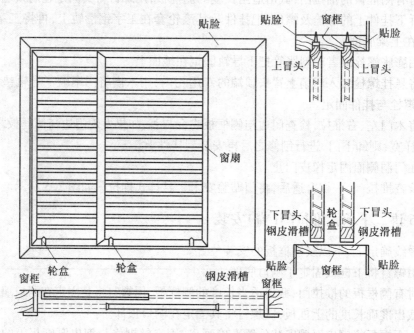

图2.6 下承式推拉门

2.2　金属门窗安装

第17讲　铝合金门安装

（1）安框。将刨好的门框在抹灰前立在门口处，用吊线锤吊直，然后卡方，以两条对角线相交为佳。安放在门口内适当位置（也就是与外墙边线水平，与墙内预埋件对正，一般在墙中），用木楔将三边固定。在确定门框水平、垂直、无扭曲后，用射钉枪将射钉打入柱、墙、梁上，将连接件和框固定在墙、柱、梁上。框的下部要埋入地下，埋入深度为 30～150 mm，铝合金门框安装如图 2.7 所示。

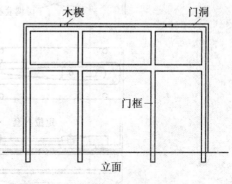

图 2.7　铝合金门框安装

（2）塞缝。固定好门框之后，复查平整度和垂直度，再清扫边框处浮土，洒水湿润基层，用 1∶2 水泥砂浆把门口和门框之间的缝隙分层填实。待塞灰满足一定强度后，再拔掉木楔，抹平表面。铝合金门地弹簧设置如图 2.8 所示。

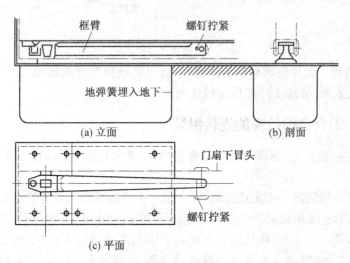

图 2.8　铝合金门地弹簧设置

（3）装扇。内外平开门在门上框钻孔深入门轴，门下地里埋设地脚，装置门轴。弹簧门上部做法同平开门，门框中安上门轴，下部埋设地弹簧，地面需要预先留洞或者后开洞，地弹簧埋设后要和地面平齐，然后灌细石混凝土，再抹平地面层。地弹簧的摇臂和门扇下冒头两侧拧紧。推拉门要在上框内做导轨和滑轮，也可在地面上做导轨，在门扇下冒头做滑轮。光电感应控制开关的设备装在上框上。地弹簧门扇安装如图 2.9 所示。

（4）装玻璃。首先，按门扇的内口实际尺寸合理计划用料，尽量减少产生边角废料，裁割前可以比实际尺寸少 3 mm，以便安装。安装时先将门框的保护胶纸撕去，在型材安装玻璃部位支塞橡胶带,用玻璃吸手安装平板玻璃,前后垫实,使缝隙一致,然后再塞入橡胶条密封,或使用铝压条拧十字圆头螺钉固定。

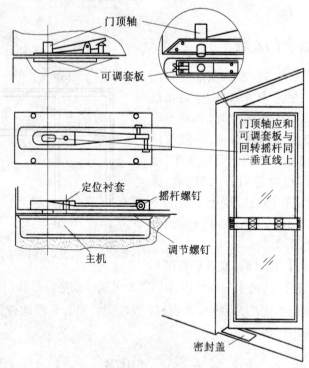

图2.9　地弹簧门扇安装

(5)打胶、清理。大片玻璃和框扇接缝处,要以玻璃胶筒打入玻璃胶,整个门安装好后,以干净抹布擦洗表面,清理干净之后交付使用。

第18讲　铝合金推拉窗的连接组装

(1)上窗连接组装。上窗部分的扁方管型材,一般采用铝角码和自攻螺钉进行连接,如图2.10所示。

两条扁方管在用铝角码固定连接时,应先用一小节同规格的扁方管做模子,长20 mm左右。在横向扁方管上要衔接的部位用模子定位,把角码放在模子内并用手捏紧,用手电钻将角码与横向扁方管一并钻孔,再使用自攻螺钉或者抽芯铝铆钉固定,如图2.11所示。然后取下模子,再把另一条竖向扁方管放到模子的位置上,在角码的另一个方向上打孔,固定即可。一般角码的每个面上打两个孔就够了。

上窗的铝型材在四个角位处衔接固定之后,再用截面尺寸为12 mm×12 mm的铝槽作为固定玻璃的压条。安装压条前,先在扁方管的宽度上画出中心线,再按上窗内侧长度切割四条铝槽条。按照上窗内侧高度减去两条铝槽截面高度的尺寸,切割四条铝槽条。安装压条时,先用自攻螺钉将铝槽紧固在中线外侧,然后在大于玻璃厚度0.5 mm的距离处安装内侧铝槽,这时自攻螺钉不需要上紧,最后将玻璃装上的时候再固紧。

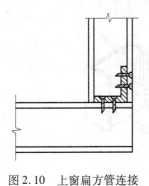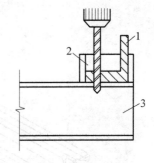

图 2.10　上窗扁方管连接　　　　　图 2.11　安装前的钻孔方法

1—角码;2—模子;3—横向扁方管

（2）窗框连接。首先测量出在上滑道上面两条固紧槽孔距侧边的距离及高低位置的尺寸,然后按照这两个尺寸在窗框边封上部衔接处画线打孔,孔径在 φ5 mm 左右。孔钻好之后,将专用的碰口胶垫放在边封的槽口内,再把 M4×35 mm 的自攻螺钉穿过边封上打出的孔及碰孔胶垫上的孔,旋进上滑道上面的固紧槽孔内,如图 2.12 所示。在旋紧螺钉的同时,要注意上滑道和边封对齐,各槽对正,最后上紧螺钉,然后再在边封内装毛条。

按相同的方法先测出下滑道下面的固紧槽孔距、侧边距离及其距上边的高低位置尺寸。然后按照这三个尺寸在窗框边封下部衔接处画线打孔,孔径 φ5 mm 左右。将孔钻好后,用专用的碰口胶垫,放在边封的槽口内,再将 M4×35 mm 的自攻螺钉穿过边封上打出的孔和碰口胶垫上的孔,旋进下滑道下面的固紧孔槽内,如图 2.13 所示。要注意,在固定时不得将下滑道的位置装反,下滑道的滑轨面一定要与上滑道相对应才能使窗扇在上下滑道上滑动。

窗框的四个角衔接起来后,用直角尺测量并校正一下窗框的直角度,最后上紧各角上的衔接自攻螺钉。将校正并紧固好的窗框立放在墙边,防止碰撞。

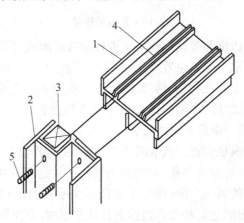

图 2.12　窗框上滑部分的连接组装

1—上滑道;2—边封;3—碰口胶垫;4—上滑道上的固紧槽;5—自攻螺钉

（3）窗扇的连接。

①切口处理。在连接装拼窗扇前,要先在窗扇的边框和带钩边框上、下两端处进行切口处理,以便于将上、下横档插入其切口内固定。上端开切长 51 mm,下端开切长 76.5 mm,如图 2.14 所示。

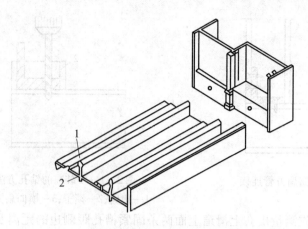

图2.13　窗框下滑部分连接安装
1—下滑道的滑轨;2—下滑道下的固紧槽孔

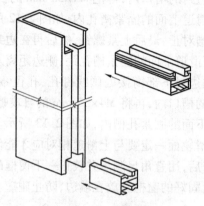

图2.14　窗扇的连接

②画线打孔。在窗扇边框和带钩边框与下横档衔接端画线打孔。这三个孔的位置要按照固定在下横档内的滑轮框上孔的位置来画线,然后打孔,并要求固定后边框下端要与下横档底边平齐。边框下端固定孔孔径为 $\phi4.5$ mm,并且要用 $\phi6 \sim 7$ mm 的钻头划窝。工艺孔直径 $\phi8$ mm 左右。钻好孔之后,再用圆锉在边框和带钩边框固定孔位置下边的中线处,锉出一个 $\phi8$ mm 的半圆凹槽。窗扇下横档安装如图 2.15 所示。

③安装上横档角码和窗扇钩锁。截取两个铝角码,将角码放在上横档的两头,使其一个面与上横档端头面平齐,并且钻两个孔(角码和上横档一并钻通),用 M4 自攻螺钉把角码固定在上横档内。再在角码的另一个面(即与上横档端头平齐的面)的中间打一个孔,据此孔的上下左右尺寸位置,在扇的边框和带钩边框上打孔并划窝,以便用螺钉将边框和上横档固定。窗扇上横档安装如图 2.16 所示。

安装窗钩锁之前,要先在窗扇边框上开锁口,开口一面必须是在窗扇安装之后,面向室内的面。窗钩锁通常装在窗扇边框中间高度,如果窗扇高大于 1.5 m,窗钩锁位置也可适当降低。

④上密封毛条以及安装窗扇玻璃。长毛条装在上横档顶边的槽内及下横档底边的槽内,而短毛条装于带钩边框的钩部槽内。另外,窗框边封的凹槽两侧也需要安装短毛条。两种毛条的安装位置如图 2.17 所示。

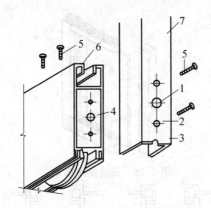

图 2.15　窗扇下横档安装

1—调节滑轮;2—固定孔;3—半圆槽;4—调节螺钉;

5—滑轮固定螺钉;6—下横档;7—边框

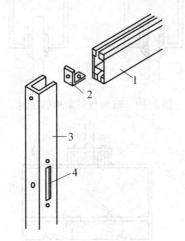

图 2.16　窗扇上横档安装

1—上横档;2—角码;3—窗扇边框;4—窗锁洞

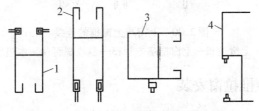

图 2.17　密封条的安装位置

1—上横档;2—下横档;3—带钩边框;4—窗框边封

　　在安装窗扇玻璃时,要先检查玻璃尺寸。通常情况下,玻璃尺寸长宽方向均比窗扇内侧尺寸大 25 mm。然后,由窗扇一侧将玻璃装在窗扇内侧的槽内,并且紧固连接好边框。安装方法如图 2.18 所示。

　　最后,在玻璃与窗扇槽之间用塔形橡胶条或玻璃胶密封,如图 2.19 所示。

　　(4)上窗与窗框组装。先切两小块 12 mm 木板,放于窗框上滑道的顶面。再把口字形上窗框放在上滑道的顶面,并把两者前后左右的边对正。然后从上滑道下向上打孔,将两者一并钻通,用自攻螺钉将上滑道与上窗边框扁方管连接起来,如图 2.20 所示。

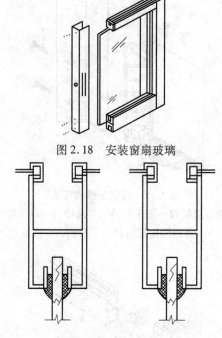

图 2.18　安装窗扇玻璃

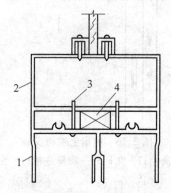

图 2.19　玻璃与窗扇槽的密封

图 2.20　上窗与上窗框的连接
1—上滑道;2—上窗框扁方管;3—自攻螺钉;4—木垫块

第 19 讲　铝合金推拉窗安装

(1)窗框与砖墙安装。先将水泥将砖墙的洞修平整,窗洞尺寸要比铝合金窗框尺寸大,四周各边均大 25 ~ 35 mm。

在铝合金窗框上安装角码或木块,每条边上各安装两个。角码需要通过水泥钉钉固在窗洞墙内,如图 2.21 所示。

对装在洞中的铝合金窗框进行水平与垂直度校正。校正完毕后用木楔块把窗框临时固紧在窗洞中。然后用保护胶带纸将窗框周边贴好,防止用水泥周边塞口的时候造成铝合金表面损伤。

窗框周边填塞水泥时,水泥浆要有较大的稠度。水泥要填实,把水泥浆用灰刀压入填缝中,填好后将窗框周边抹平。

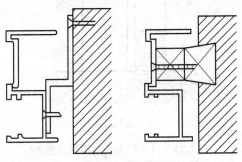

图 2.21　窗框与砖墙的连接安装

(2)窗钩锁挂钩安装。窗钩锁的挂钩安装于窗框的边封凹槽内。挂钩的安装位置、尺寸要和窗扇上挂钩锁洞的位置相对应。挂钩的钩平面一般可位于锁洞孔的中心线处。根据此对应位置,在窗框边封槽内画线打孔。

钻孔直径 $\phi 4$ mm,以 M5 自攻螺钉将锁钩临时固紧,然后移动窗扇到窗边框边封槽内,检查窗扇锁可不可以和锁钩相接将窗锁定。若不能,则需要检查是不是锁钩位置高低的问题,或是锁钩左右偏斜问题。若是高低问题,只要将锁钩螺钉拧松,向上或向下调整好后再固紧螺钉即可。偏斜问题则需要测一下偏斜量,再重新打孔固定,直到能将窗扇锁定。窗锁挂钩的安装位置如图 2.22 所示。

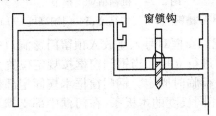

图 2.22　窗锁挂钩的安装位置

第 20 讲　铝合金自动门安装施工

(1)地面导向轨安装。铝合金自动门地面上装设有导向性下轨道。在土建做地坪时,先在地面上预埋 50 mm×75 mm 方木条一根,安装自动门的时候,撬出方木条便可以埋设下轨道,下轨道的长度为开启门宽的两倍。自动门下轨道埋设示意图如图 2.23 所示。

(2)横梁安装。自动门上部机箱层主梁为安装中的重要环节。由于机箱内装有机械以及电控装置,因此对支承梁的土建支撑结构的强度以及稳定性有一定的要求。常用的有两种支撑节点,如图 2.24 所示,通常砖结构宜采用(a)式,混凝土结构宜采用(b)式。

第 21 讲　钢门窗安装工艺

(1)弹控制线。依据 500 mm 高的墙面水平控制线,按门窗安装标高、尺寸以及开启方向,在墙体预留洞孔四周弹出门窗落位线。

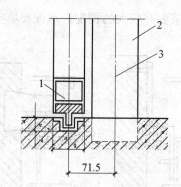

图2.23　自动门下轨道埋设示意图

1—自动门扇下冒;2—门框;3—门柱中心线

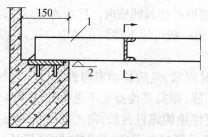

(a)通常砖结构宜采用的支撑点

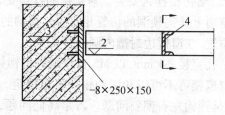

(b)混凝土结构宜采用的支撑点

图2.24　机箱横梁支撑节点

1—机箱层横梁(18号槽钢);2—门扇高度;3—门扇高度+90 mm;4—18号槽钢

(2)立钢门窗、校正。把门窗框对号入座放入预留门窗洞口中,并按照墙厚居中位置或者图纸标注距外墙皮的尺寸进行立樘。当钢门窗框按规定位置大体放正后,在门窗框四角或者能受力的部位用木楔进行临时固定。钢门窗框木楔固定部位如图2.25所示。打开门扇,锯一根和门框内净间距相同长度的木板条,在门框中部支撑紧,如图2.25(a)所示。待嵌填入铁脚孔内的水泥砂浆达到70%的强度后,才可拆除木撑。

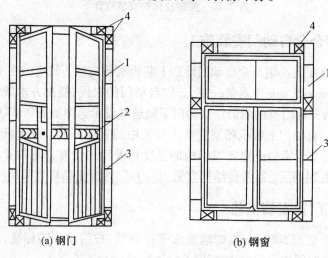

(a)钢门　　　　　　　　　　(b)钢窗

图2.25　钢门窗安装示意图

1—门窗洞口;2—临时木撑;3—铁脚;4—木楔

（3）定位固定。按照门窗安装的水平控制线、垂直控制线和进深线，对已经就位立樘的门窗进行边调整、边支垫，随时用托线板和水平尺校正钢门窗的垂直度及水平度，直到上、下、左、右、前、后六个方向的位置准确，达到安装横平竖直、高低一致、进出统一、符合要求为止。定位之后用木楔塞紧固定。

（4）填缝。钢门窗定位固定后，按孔洞的位置装好铁脚。先将上框的焊接铁脚与过梁中的预埋铁件焊牢，再将两侧的铁脚插入墙体结构的预留孔洞中，以备堵孔固定。

把预留孔洞清扫干净，浇水润湿，然后用 1∶2.5 半干硬水泥砂浆或 C20 细石混凝土塞入孔洞内，捣实、抹平，并及时洒水养护 3 d，在养护期内不得碰撞、振动钢门窗。当孔洞内的水泥砂浆或者混凝土满足规定的强度之后，才可以将四周安设的木楔取出，并用 1∶2.5 的水泥砂浆把四周缝隙嵌填严实。实腹钢门窗和空腹钢门窗的安装固定节点如图 2.26 和图 2.27 所示。

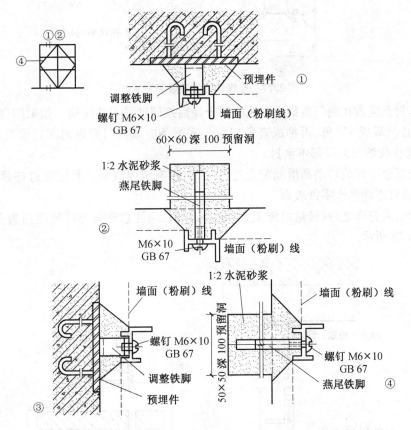

图 2.26　实腹钢门窗安装固定节点

（5）纱门窗扇的安装。

①高、宽大于 1 400 mm 的纱扇，应该在装纱前的纱扇中用木条临时支撑，以防窗纱凹陷影响使用。

②安装完金属纱后，集中刷油漆。交工之前再把纱门窗扇安在钢门窗框上。

（6）五金件的安装。

①安装零件前，应该检查门窗在洞口内牢固与否，开启要灵活，关闭要严密。如果有缺陷，需要调整后方可安装零件。

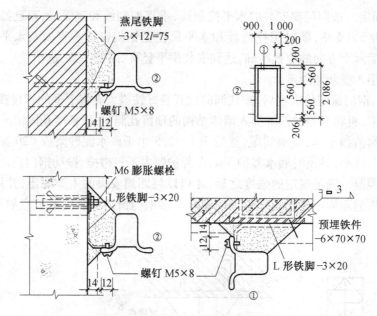

图 2.27　空腹钢门窗安装固定节点

②严密封条应该在钢门窗最后一遍涂料干燥后按照型号安装压实。如果用直条密封条时,拐角处必须裁成 45°角,再粘成直角安装。密封条应该比门窗扇的密封槽尺寸长 10 ～ 20 mm,以防止收缩引起局部不密封。

③各类五金零件的转动和滑动配合处要灵活,没有卡阻现象。装配螺钉拧紧以后不得松动,埋头螺钉不能高于零件表面。

钢门窗安装完毕之后,楼地面施工或窗台抹灰时,应注意砂浆不可掩埋门窗下框,施工做法如图 2.28 所示。

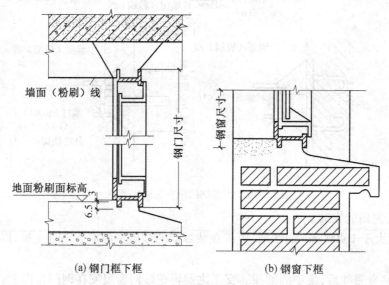

(a) 钢门框下框　　　　　　　　(b) 钢窗下框

图 2.28　钢门窗下框抹灰做法

第22讲　实腹钢门窗安装

(1)铁脚和洞口的连接。钢门窗的安装一般采用塞口形式,也就是在砌筑墙体时预留门窗孔洞口,然后装门窗。每一钢门窗(特殊门窗除外)在其侧边框上都可安装铁脚,利用铁脚埋入侧壁预留孔或者预埋铁件上,使门窗和洞口固定。铁脚和洞口的连接形式如图2.29所示。需要注意的是,在洞口上要按照铁脚的位置留洞及埋铁件。

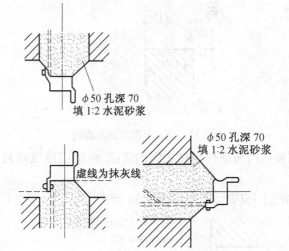

图2.29　钢窗铁脚埋设示意图

(2)横档、竖梃与洞口和窗框的连接。

①横档与洞口的连接。横档埋入洞口侧墙或柱上。埋入侧墙可在墙上留孔洞,孔洞口尺寸为120 mm×180 mm,伸入横档后用细石混凝土灌实。如果横档跟柱连接,可以在柱上留埋件,横档与柱上埋件焊接,如图2.30所示。

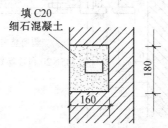

图2.30　钢窗横档埋置示意图

②竖梃与洞口上、下的连接。下面窗台上留孔洞,上面过梁留孔洞,将竖梃伸入后再灌细石混凝土,也可在过梁上埋铁件焊接,如图2.31所示。

第23讲　涂色镀锌钢板门窗安装

(1)带副框涂色镀锌钢板门窗安装施工要点。

①安装带副框的涂色镀锌钢板门窗时,应该用自攻螺钉将连接件固定在副框上,然后将副框放入洞口并且用木楔临时固定,应该横平竖直。连接件及预埋件应焊接牢固。

②副框三面应贴密封条。用螺钉将门框与副框紧固,将螺钉盖盖好。安装推拉窗时,还应当调整好滑块。

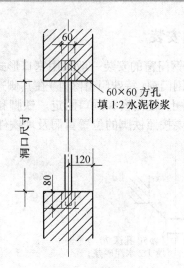

图 2.31　钢窗竖梃埋置示意图

③洞口与副框、副框与门窗框相拼接之间的缝隙,应使用建筑密封胶密封,最后剥去保护胶条。

带副框涂色镀锌钢板门窗安装节点如图 2.32 所示。

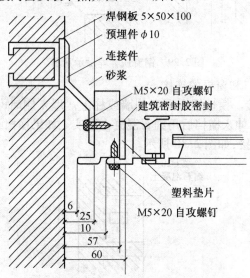

图 2.32　带副框涂色镀锌钢板门窗安装节点

(2)不带副框涂色镀锌钢板门窗安装施工要点。当安装不带副框门窗的时候,门窗和洞口宜用膨胀螺栓连接,用建筑密封胶密封门窗与洞口之间的缝隙,最后将保护胶条剥去。

不带副框涂色镀锌钢板门窗安装节点如图 2.33 所示。

第24讲　彩板组角钢门窗安装

(1)安装程序。

①带副框的彩板组角钢门窗安装程序。

a.铁脚固定在副框上:用自攻螺钉将连接铁脚固定在副框上。

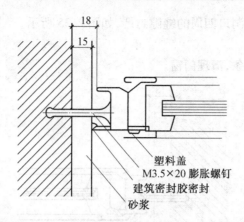

18
15

塑料盖
M3.5×20 膨胀螺钉
建筑密封胶密封
砂浆

图 2.33　不带副框涂色镀锌钢板门窗安装节点

b. 副框就位:按照安装位置线,将副框放进洞口,以木楔临时固定。

c. 铁脚与预埋件固定:将副框上的铁脚与洞口墙体上的预埋件用电焊焊牢(图 2.34)。

d. 粉刷、塞缝:粉刷洞口以及内、外墙面,副框两侧预留槽口待粉刷干燥以后,清除浮灰注入密封膏防水。

e. 门窗框与副框连接:副框的三面(侧面与顶面)贴上密封胶条,将门框放上副框,校正吻合以后用自攻螺钉把门窗框固定在副框上,两框之间缝隙使用密封膏封严,盖好螺钉盖(图 2.34)。

f. 清理:撕掉门窗上的保护胶条,将门窗框扇以及玻璃擦干净。

g. 安装五金。

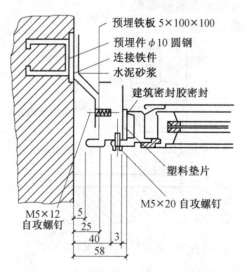

预埋铁板 5×100×100
预埋件 φ10 圆钢
连接铁件
水泥砂浆
建筑密封胶密封
塑料垫片
M5×20 自攻螺钉

M5×12
自攻螺钉
5
25
40
3
58

图 2.34　带副框的彩色板组角钢门窗安装节点图

②不带副框的彩板组角钢门窗安装程序。

a. 在洞门内将门窗安装位置线弹好。

b. 按外框螺栓位置,于洞口内相应部位钻孔。

c. 门窗就位、调整,通过木楔固定。

d. 门窗与窗体用膨胀螺栓连接固定,盖上螺钉盖。

e. 用密封胶把门窗与洞口四周的缝隙封严,如图 2.35 所示。

f. 安装五金配件。

g. 撕掉门窗上保护胶条,清理门窗。

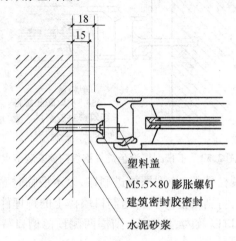

塑料盖
M5.5×80 膨胀螺钉
建筑密封胶密封
水泥砂浆

图 2.35　不带副框的彩色板组角钢门窗安装节点图

(2)施工要点。

①不带副框彩板组角钢门窗若在墙面粉刷之后安装,应该注意洞口粉刷成型尺寸必须准确。门窗框外皮与洞口之间的缝隙宽度可以为 3~5 mm,高度可以为 5~8 mm。

②粉刷时,窗副框底部要嵌入硬木条或者玻璃条(图 2.36)。

③粉刷时框料及玻璃必须覆盖塑料薄膜。

④清理门窗框料时切忌划伤涂层。

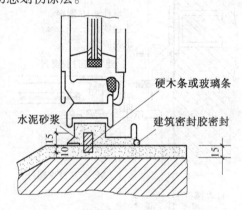

硬木条或玻璃条
水泥砂浆
建筑密封胶密封

图 2.36　窗副框下框底安装节点图

第25讲　钢质防火门的洞口准备

根据钢质防火门在洞口的连接形式,洞口墙体可以分为如下两种:

(1)钢筋混凝土墙体或砌筑墙体。在这类墙体中上,钢质防火门框一般通过铁脚与预埋铁件焊接,如图 2.37 所示。

洞口宽度通常为门框实际宽度加 10 mm,门洞口上一般比门框上缘的安装位置高 20 mm。洞口预埋铁件的间距不大于 500 mm,具体位置应同门框内的连接钢板相一致。

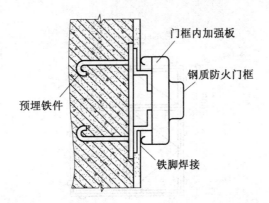

图 2.37　钢质防火门框与混凝土墙体连接示意图

（2）轻钢龙骨石膏板墙。在这类墙体上，钢质防火门借助自攻螺钉直接与轻钢龙骨连接，如图 2.38 所示。

这类墙体上安装钢质防火门必须核对门框断面宽度与墙体厚度匹配与否（图 2.38），门框断面内宽应与轻钢龙骨石膏板墙体厚度相等。即：门框断面内宽 = 轻钢龙骨宽度 + 内侧石膏板厚度 + 外侧石膏板厚度。

安装钢质防火门的洞口两侧应采用加厚的轻钢龙骨，以增加墙体的刚度。安装前，洞口一侧的竖龙骨可以先吊直、固定，而另一侧的竖龙骨做临时固定。

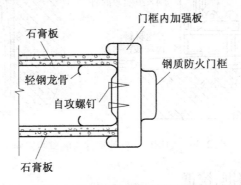

图 2.38　钢质防火门框与轻钢龙骨石膏板墙体连接示意图

2.3　塑料门窗安装

第 26 讲　安装连接件

连接件采用厚度不小于 1.5 mm、宽度不小于 15 mm 的镀锌钢板。安装时应该采用直径为 3.2 mm 的钻头钻孔，然后把十字槽盘头自攻螺钉 M4×20 mm 拧入，不得直接锤击钉入。

连接件的位置应距窗角、中竖框以及中横框至少 150～200 mm，连接件间的间距不大于 500 mm，不得将连接件直接安装于中横框、中竖框的档头上（图 2.39）。

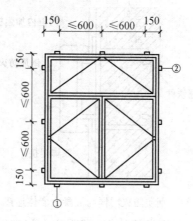

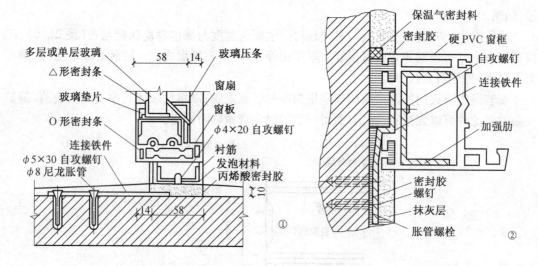

图 2.39　塑钢门窗框连接件与洞口墙体固定

第 27 讲　立门窗框、校正

当门窗框装入洞口的时候,其上下框中线和洞口中线对齐。无下框的平开门应当使两边框上的下角低于地面标高线 30 mm。带下框的平开或者推拉门应当使下框边低于标高线 10 mm。然后用木楔将门框临时固定,并调整门窗框的垂直度、水平度以及直角度。塑钢门窗安装示意图如图 2.40 所示。

第 28 讲　嵌缝

门窗框与洞口之间的伸缩缝内腔应当采用闭孔泡沫塑料,发泡聚苯乙烯等弹性材料分层填塞;对保温隔声等级要求较高的工程,应采用聚氨酯发泡密封胶等相应的隔热隔声材料填充,如图 2.41 所示。

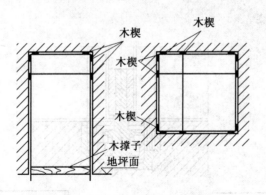

图 2.40　塑钢门窗安装示意图

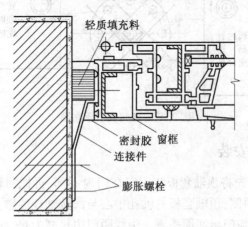

图 2.41　塑钢门窗框填缝示意图

2.4　特种门窗安装

第 29 讲　金属转门的安装

（1）开箱后,检查各类零部件正常与否,门樘外形尺寸是否符合门洞口尺寸,以及转门壁位置要求,预埋件位置和数量。

（2）木桁架按照洞口左右、前后位置尺寸与预埋件固定,并且保证水平,一般转门与弹簧门、铰链门或其他固定扇组合,可先安装其他组合部分。

（3）装转轴,固定底座,底座下要垫实,不允许下沉,临时点焊上轴承座,使转轴与地平面垂直。

（4）装圆转门顶与转门壁,转门壁不允许预先固定,方便调整与活扇之间的间隙,装门扇,保持 90°夹角,旋转转门,保证上下间隙符合要求。

（5）调整转壁位置,以确保门扇与转门壁之间间隙。门扇高度和旋转松紧调节如图 2.42 所示。

（6）先焊上轴承座,以混凝土固定底座,埋插销下壳,固定门壁。

（7）安装玻璃。

（8）钢转门喷涂油漆。

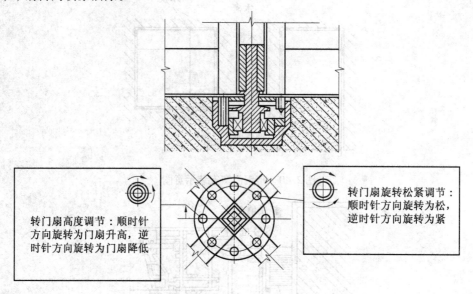

转门扇高度调节：顺时针方向旋转为门扇升高，逆时针方向旋转为门扇降低

转门扇旋转松紧调节：顺时针方向旋转为松，逆时针方向旋转为紧

图 2.42　转门调节示意图

第 30 讲　地弹簧安装

（1）如图 2.43 所示，先将顶轴套板 2 固定在门扇上部，再把回转轴杆 3 装于门扇底部，同时将调节螺钉 4 装于两侧，顶轴套板的轴孔中心与回转轴杆的轴孔中心必须上下对齐，保持在同一中心线上，并且与门扇底面垂直。中线距门边尺寸为 69 mm。

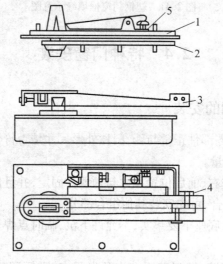

图 2.43　地弹簧立面、平面图
1—顶轴；2—顶轴套板；3—回转轴杆；4—调节螺钉；5—升降螺钉

（2）将顶轴 1 装在门框顶部，安装时要注意顶轴中心距边柱的距离，以保持门扇启闭灵活。

（3）如图 2.44 所示，底座 1 安装时，由顶轴中心吊一垂线至地面，对准底座上地轴中心 2，同时保持底座的水平，以及底座上面板和门扇底部的缝隙为 15 mm，然后用混凝土将外壳填实浇固。

（4）当混凝土养护期满后，将门扇上回转轴杆的轴孔套在底座的地轴上，再将门扇顶部顶轴套板的轴孔和门框上的顶轴对准，拧动顶轴上的升降螺钉 5，使顶轴插入轴孔 15 mm，门扇就可启闭使用。

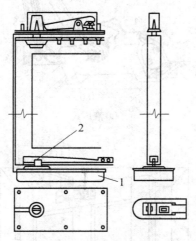

图 2.44　地弹簧门组装图
1—底座；2—底座地轴中心

第 31 讲　门顶弹簧安装

（1）如图 2.45 所示，首先把油泵壳体 1 安装在门的顶部，并且注意使油泵壳体上的速度调节螺钉 2 朝向门上的铰链一面，油泵壳体中心线与铰链中心线之间的距离应为 350 mm。

（2）其次将牵杆臂架 10 安装在门框上，臂架中心线与油泵壳体中心线之间的距离应为 15 mm。

（3）最后，松开牵杆套梗 7 上的紧固螺钉 8，并将门开启至 90°，使牵杆 9 延伸到所需长度，再将紧固螺钉拧紧，即可以使用。

第 32 讲　门底弹簧的安装

（1）横式-204 型门底弹簧的安装（图 2.46）。

①将顶轴安装在门框上部，顶轴套板安装在门扇顶端，两者的中心必须对准。

②由顶轴下部吊一垂线，将安装在楼地面上的底轴的中心位置和底板木螺钉孔的位置找出，然后把顶轴拆下。

③先将门底弹簧主体装于门扇下部，再将门扇放入门框，对准顶轴和底轴的中心以及底板上的木螺钉孔的位置，然后再分别将顶轴固定在门框上部，底板固定在楼地面上，最后将盖板装在门扇上，以遮蔽框架部分。

（2）直式-105 型门底弹簧的安装。可以参照横式-204 型门底弹簧的安装方法进行安装。

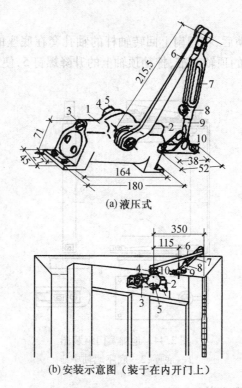

(a)液压式

(b)安装示意图（装于在内开门上）

图2.45　门顶弹簧安装示意图（装于左内开门上）

1—油泵壳体;2—速度调节螺钉;3—油孔螺钉;4—齿轮回转轴;

5—盖;6—主臂;7—牵杆套梗;8—紧固螺钉;9—牵杆;10—牵杆臂架

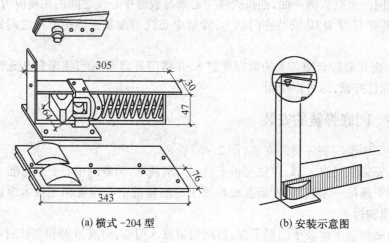

(a)横式-204型　　　　　(b)安装示意图

图2.46　横式-204型门底弹簧的安装示意图

第33讲　防火门安装

(1)防火门安装工艺流程:运输→码放→与墙体结成一体→安装。

(2)施工要点。

①防火门在运输时,捆拴必须牢固;装卸时需轻抬轻放,防止磕碰现象。

②防火门码放前,要将存放处清理平整,垫好支撑物。若门有编号,要根据编号码放;码

放时面板叠放高度不得超过 1.2 m;门框重叠平放高度不得高于 1.5 m;要有防晒、防风及防雨措施。

③防火门的门框安装,应确保与墙体结成一体。

④在安装时,门框一般埋入±0.00 以下 20 mm,需确保框口上下尺寸相同,允许误差小于 1.5 mm,对角线允许误差小于 2 mm,再把框与预埋件焊牢。然后在框两上角墙上开洞,向框内灌注 M10 水泥素浆,其凝固后方可装配门扇。

⑤安装后的防火门,要求门框和门扇配合部位内侧宽度尺寸偏差不大于 2 mm,高度尺寸偏差不大于 2 mm,两对角线长度之差小于 3 mm。门扇关闭之后,其配合间隙须小于 3 mm。门扇与门框表面要平整,没有明显凹凸现象,焊点牢固,门体表面喷漆无喷花、斑点等。门扇启闭自如,无阻滞、反弹等现象。

⑥冬期施工应注意防寒,水泥素浆浇注之后的养护期为 21 d。

⑦为确保消防安全,应采用防火门锁,该类门锁在 927 ℃高温下仍可照常开启。

第 34 讲　全玻璃门安装

玻璃门在现代建筑装饰中有着相当大的功用,已经被越来越多的施工单位所采用。现代装饰玻璃门所用玻璃多为厚度在 12 mm 以上的厚质平板白玻璃、钢化玻璃、雕花玻璃以及彩印图案玻璃等,有的设有金属扇框,有的活动门扇除玻璃之外只有局部的金属边条。框、扇以及拉手等细部的金属装饰多是镜面不锈钢及镜面黄铜等展示高级豪华气派的材料。

(1)施工工艺流程。安装玻璃板→注胶封口→玻璃板之间的对接→玻璃活动门扇安装。

(2)施工要点。

①安装玻璃板。以玻璃吸盘将玻璃板吸紧,然后进行玻璃就位。应先把玻璃板上边插入门框底部的限位槽内,然后将其下边安放在木底托上的不锈钢包面对口缝内。

在底托上固定玻璃板的方法为:在底托木方上钉木板条,距玻璃板面约为 4 mm;然后在木板条上涂刷万能胶,把饰面不锈钢板片粘卡在木方上。

②注胶封口。玻璃门固定部分的玻璃板就位之后,即在顶部限位槽处和底部的底托固定处,以及玻璃板与框柱的对缝处等各缝隙处,都注胶密封。首先将玻璃胶开封后装入打胶枪内,即用胶枪的后压杆端头板将玻璃胶罐的底部顶住,然后用一只手托住胶枪身,另一只手握着注胶压柄不断松压循环地操作压柄,把玻璃胶注于需要封口的缝隙端。由需要注胶的缝隙端头开始,顺缝隙匀速移动,使玻璃胶在缝隙处形成一条均匀的直线。最后以塑料片刮去多余的玻璃胶,用棉布擦净胶迹。

③玻璃板之间的对接。当门上固定部分的玻璃板需要对接时,其对接缝应有 2~3 mm 的宽度,玻璃板边部要进行倒角处理。当玻璃块留缝定位并安装稳固之后,即将玻璃胶注入其对接的缝隙,以塑料片在玻璃板对缝的两面把胶刮平,用布擦净胶料残迹。

④玻璃活动门扇安装。全玻璃活动门扇的结构没有门扇框,门扇的启闭通过地弹簧实现,地弹簧和门扇的上下金属横档进行铰接。

玻璃门扇的安装方法与步骤如下:

a.门扇安装。先安装固定完毕地面上的地弹簧和门扇顶面横梁上的定位销,两者必须为同一装轴线,安装时应吊垂线检查,做到准确无误,地弹簧转轴和定位销为同一中心线。

b.画线并连接相应物件。在玻璃门扇的上下金属横档内画线,按照线固定转动销的销孔板和地弹簧的转动轴连接板。具体操作可以参照地弹簧产品安装说明。

c. 裁割玻璃。玻璃门扇的高度尺寸,在裁割玻璃板时应注意包括插入上下横档的安装部分。

通常情况下,玻璃高度尺寸应小于测量尺寸5 mm左右,以便于安装时进行定位调节。

d. 安装横档。将上下横档(多采用镜面不锈钢成型材料)分别装在厚玻璃门扇上下两端,并进行门扇高度的测量。如果门扇高度不足,也就是其上下边距门横框及地面的缝隙超过规定值,可在上下横档内加垫胶合板条进行调节。若门扇高度超过安装尺寸,只能由专业玻璃工将门扇多余部分裁去。

e. 固定横档。确定门扇高度后,即可固定上下横档,在玻璃板与金属横档内的两侧空隙处,由两边同时插入小木条,轻敲稳实,然后在小木条、门扇玻璃及横档之间形成的缝隙中注入玻璃胶。

f. 进行门扇定位安装。先把门框横梁上的定位销本身的调节螺钉调出横梁平面1~2 mm,再竖起玻璃门扇,将门扇下横档内的转动销连接件的孔位对准地弹簧的转动销轴,并转动门扇将孔位套入销轴上。然后将门扇转动90°使之与门框横梁成直角,把门扇上横档中的转动连接件的孔对准门框横梁上的定位销,把定位销插入孔内15 mm左右(调动定位销上的调节螺钉)。

g. 安装门拉手。全玻璃门扇上的拉手孔洞,通常是事先订购时就加工好的,拉手连接部分插入孔洞时不能很紧,应略有松动。安装之前在拉手插入玻璃的部分涂少许玻璃胶;如若插入过松,可在插入部分裹上软质胶带。拉手组装时,其根部和玻璃贴靠紧密后再拧紧固定螺钉。

第35讲　自动门安装

(1)施工工艺流程。地面导向轨道安装→横梁安装。

(2)施工要点。

①地面导向轨道安装。铝合金自动门与全玻璃自动门地面上装有导向性下轨道。异型钢管自动门无下轨道。有下轨道的自动门土建做地坪时,须于地面上预埋50~75 mm方木条一根。自动门安装时,撬出方木条便可以埋设下轨道,下轨道长度为开启门宽的两倍。自动门下轨道埋设示意图如图2.47所示。

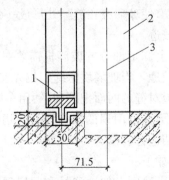

图2.47　自动门下轨道埋设示意图
1—自动门扇下帽;2—门柱;3—门柱中心线

②横梁安装。自动门上部机箱层主梁为安装中的重要环节。由于机箱内装有机械及电控装置,所以,对支撑梁的土建支撑结构有一定的强度及稳定性要求。常用的有两种支撑节点(图2.48),通常砖结构宜采用图2.48(a)的形式,混凝土结构宜采用图2.48(b)的形式。

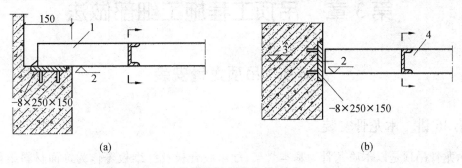

图2.48　机箱横梁支撑节点(单位:mm)
1—机箱层横梁(18号槽钢);2—门扇高度;3—门扇高度+90 mm;4—18号槽钢

第3章　吊顶工程施工细部做法

3.1　吊顶龙骨安装

第36讲　木龙骨安装

木龙骨吊顶是以木质龙骨为基本骨架,配以胶合板及纤维板等作为饰面材料组合而成的吊顶体系。具有加工方便、造型能力强等优点,但不适用于大面积吊顶。木龙骨吊顶的构造,如图3.1所示。

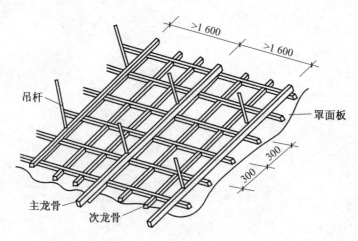

图3.1　木龙骨吊顶的构造示意图

（1）施工工艺流程:放线→固定边龙骨→安装吊点紧固件及吊杆→拼装龙骨架→安装龙骨架→龙骨架的调整。

（2）施工要点。

①放线。放标高线,由室内墙面的500 mm线向上量出吊顶的高度,四面墙弹出水平线,作为吊顶的下皮标高线。

吊顶造型位置线可以先在一个墙面上量出竖向距离,再以此画出其他墙面的水平线,即得到吊顶位置的外框线,然后再逐步找出各局部的造型框架线;如果室内吊顶的空间不规则,可根据施工图纸测出造型边缘距墙面的距离,将吊顶造型边框的有关基本点找出,将点再连接成吊顶造型线。

②固定边龙骨。传统的固定边龙骨方法为木楔铁钉法。其做法是沿标高线以上10 mm处在墙面上钻孔,在孔内打入木楔,然后把沿墙木龙骨钉于墙内木楔上。这种方法因为施工不便现在已经很少采用。目前固定边龙骨主要采用射钉固定,其间距为300～500 mm。边龙骨的固定应保证牢固可靠,其底面必须同吊顶标高线保持齐平。

③安装吊点紧固件与吊杆。木龙骨吊顶紧固件的安装方法有三种:

　　a.在楼板底板上按吊点位置用电锤打孔,预埋膨胀螺栓,并且将等边角钢固定,把吊筋(杆)与等边角钢相连接。

　　b.在混凝土楼板施工时做预埋吊筋,吊筋预埋在吊点位置上,并且垂下在外一定的长度,可直接作吊筋使用,也可在其上面再下连吊筋。

　　c.在预制混凝土楼板板缝内按吊点的位置伸进吊筋的上部并钩挂在与板缝垂直的预先安放好的钢筋段上,然后对板缝进行细石混凝土二次浇注并做地面。

　　④拼装龙骨架。为了方便龙骨的安装,可先在地面上进行分片拼装。其拼装的顺序是:根据吊顶骨架面上分片安装的位置和尺寸,选取纵、横龙骨的型材,然后根据所需要的大小片龙骨架进行拼装。

　　⑤安装龙骨架。安装之前先根据吊顶的标高线拉出横、纵的水平基准线,然后分片吊装龙骨,确保与基准线平齐后,就可将其与边龙骨钉固。龙骨架与吊筋的固定方法要根据吊筋(杆)的情况和它们与上部吊点的构造来决定,通常可采取钉固、绑扎及钩挂的方式进行固定连接。分片龙骨架的连接方法是先将对接的端头对正、平齐,然后用短方木在龙骨架的对接处顶面或者侧面钉固。

　　⑥龙骨架的调整。各分片木龙骨架连接固定之后,在整个吊顶面的下面拉十字交叉线,以检查吊顶龙骨架的整体平整度。吊顶龙骨架若有不平整,则应再调整吊杆与龙骨架的距离。

　　对于一些面积较大的木骨架吊顶,为有利于平衡饰面的重力以及使视觉上的下坠感减少,通常需要起拱。一般情况下,吊顶面的起拱可按照其中间部分的起拱高度尺寸略大于房间短向跨度的1/200即可。

第37讲　铝合金吊顶龙骨安装

　　(1)铝合金龙骨吊顶设置吊筋。铝合金龙骨吊顶的吊筋宜采用不小于10号的铁丝或者直径为4 mm的钢筋,间距通常为1 500 mm,可用膨胀螺栓或射钉与结构层固定,如图3.2所示。

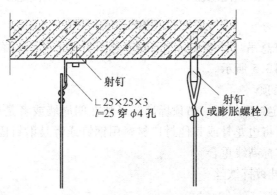

图3.2　铝合金龙骨吊筋固定方法

　　(2)面板安装。明龙骨吊顶一般采用搁置法安装,龙骨调平验收合格后将面板平放在龙骨的肢上,用龙骨的四条肢支撑住面板。暗龙骨吊顶时,先把龙骨调平,验收合格后,将周边开槽的面板插到龙骨的肢上,靠肢将面板担住,如图3.3所示。

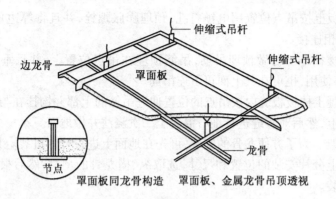

图 3.3　面板安装示意图

（3）伸缩式吊杆悬吊。把 8 号铅丝调直，用一个带孔的弹簧钢片将两根铅丝连起来，调节和固定主要是靠弹簧钢片。当用力压弹簧钢片时，弹簧钢片两端的孔中心重合，吊杆就可伸缩自由。手松开以后，孔中心错位，与吊杆产生剪力，固定吊杆。如图 3.4 所示。

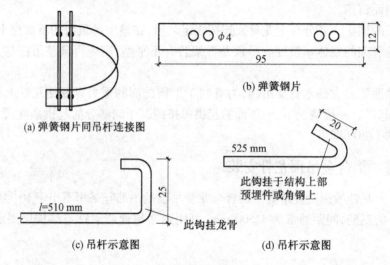

图 3.4　伸缩式吊杆示意图

（4）简易伸缩吊杆悬吊。伸缩及固定的原理与图 3.4 所示是一样的，只是在弹簧钢片的形状上有点差别，如图 3.5 所示。

（5）铝合金扣板吊顶。

①弹线定位及固定封口材料。吊顶标高线可弹在四周墙或者是柱面上，龙骨布置线应弹在结构基体上，然后将边龙骨或其他封口材料用钢钉或者是射钉固定在墙面上或者柱面上，封口材料的底面与标高线重合。

②固定吊杆或者挂镀锌铁丝。

③安装与调平龙骨。

④铝合金板的安装。

敞开式铝合金板条吊顶的面板、卡条形式及其连接方式如图 3.6 所示。

封闭式铝合金板条吊顶的面板、卡条形式及其连接方式如图 3.7 所示；具体施工方法如图 3.8 所示，安装时，应由一个方向开始依次安装。条形板安装，通常直接卡入专用龙骨的卡脚上,安装时将板条的一端用力压入卡脚,卡条便会卡在龙骨上;对有吸音要求的吊顶,其板条有孔,上面放置吸音材料,具体做法如图3.9所示。

安装好之后的龙骨,用手摇动应牢固可靠。

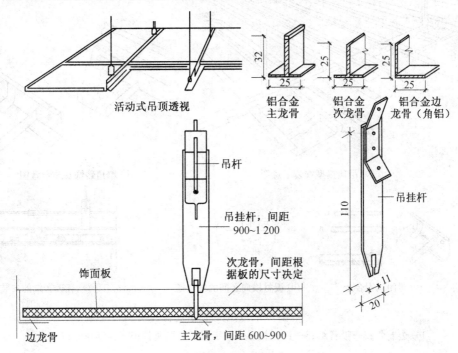

图3.5　活动式吊顶安装示意图

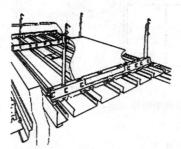

(a) M系列各种吊顶类型的安装图

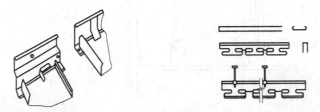

(b) 墙角装饰的安装方式　　(c) 敞开式铝合金板条的间板卡条形式及其连接

图3.6　敞开式铝合金板条安装图

(6)铝合金单体构件拼装。铝合金格栅式标准单体构件的拼装,通常采用将预拼安装的单体构件插接、挂接或者榫接在一起的方法,如图3.10所示。

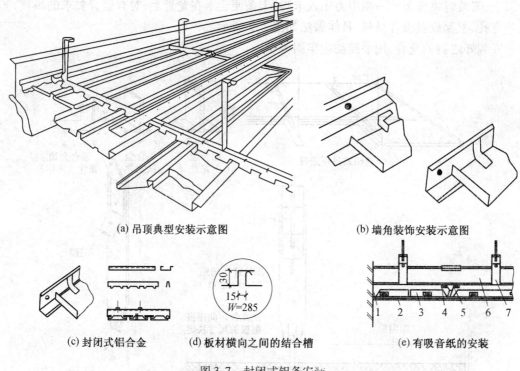

(a) 吊顶典型安装示意图　　　　　　　　　　(b) 墙角装饰安装示意图

(c) 封闭式铝合金　　(d) 板材横向之间的结合槽　　　　(e) 有吸音纸的安装

图 3.7　封闭式铝条安装

1—边龙骨；2—吸音纸；3—铝扣板；4—吊卡；5—V 形龙骨；6—轻钢龙骨；7—吊挂

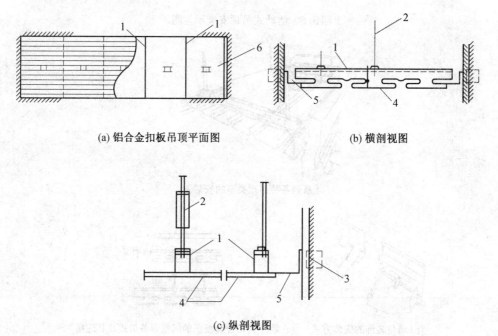

(a) 铝合金扣板吊顶平面图　　　　　　　　(b) 横剖视图

(c) 纵剖视图

图 3.8　铝合金板条吊顶示意图

1—龙骨；2—龙骨吊挂件；3—预埋木砖；4—铝合金条板；5—边龙骨；6—灯具

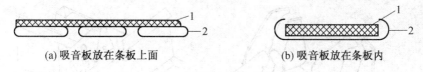

(a) 吸音板放在条板上面　　　　(b) 吸音板放在条板内

图 3.9　吸音材料的做法
1—吸音板;2—条板

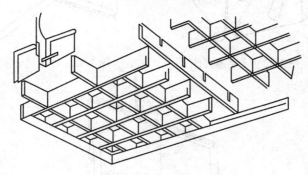

图 3.10　格栅拼装构件

　　对挂板式吊顶,当吊顶的形式为格片式时,挂板和特别的龙骨以卡的方式连接。图 3.11 是挂板的规格以及挂板的方式。若这种挂板式吊顶要求采取十字格栅形式,则需采用如图 3.12 所示的十字连接件。当然,这种连接件适用于有龙骨的情况,图 3.13 所示为其拼装与连接示意。

　　当格栅式吊顶用普通铝合金板条,借助一定的托架和专用的连接件,也可以构成开敞式格栅吊顶,如图 3.14 所示。

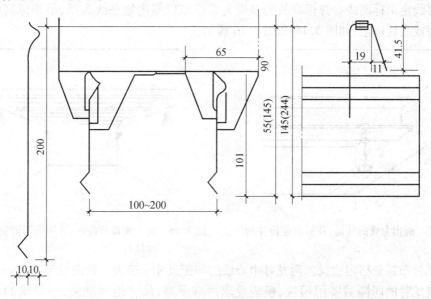

图 3.11　挂板式吊顶拼装

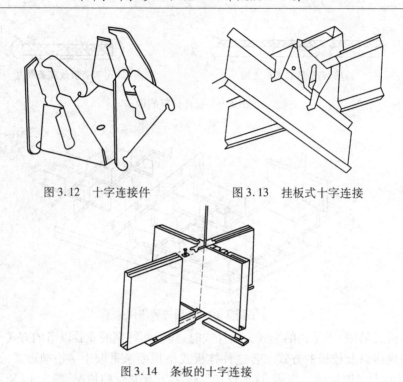

图 3.12　十字连接件　　　　图 3.13　挂板式十字连接

图 3.14　条板的十字连接

第 38 讲　轻钢吊顶龙骨安装

（1）弹线定位。

①弹线定出标高线。弹标高线的基准通常应该以室内地平线为准，吊顶标高线可弹在四周墙面或是柱面上，如图 3.15 和图 3.16 所示。

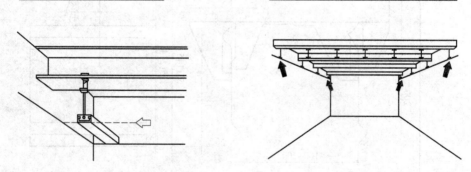

图 3.15　画出龙骨的外延，并标出连接件的位置　　图 3.16　放上四角连接件，并用绳子固定其他连接件

②龙骨布置分格定位线。两龙骨中心线的间距尺寸一般大于饰面板尺寸 2 mm 左右，安装时控制龙骨的间隔需要用模规，模规要求两端平整，尺寸绝对准确，与要求的龙骨间隔一致。

龙骨的标准分格尺寸确定之后，再根据吊顶面积确定分格位置。布置的原则是：尽量保证龙骨分格的均匀性和完整性，以确保吊顶有规则的装饰效果。

（2）固定吊杆。

①轻钢龙骨吊顶较轻,吊杆的间距通常为 900～1 500 mm,其间距取决于载荷大小。

②吊杆和结构的固定方式如图 3.17 和图 3.18 所示。当使用尾部带孔的射钉固定时,只要把吊杆一端的弯钩或者铅丝穿过圆孔即可。若用带孔射钉,则可另外选用一块小角钢用射钉固定在基体上,角钢的另一肋上钻有 5 mm 左右的小孔,把吊钩或者铅丝穿入小孔即可。吊杆的固定方式,一定要按着上人吊顶及不上人吊顶的方式来决定。

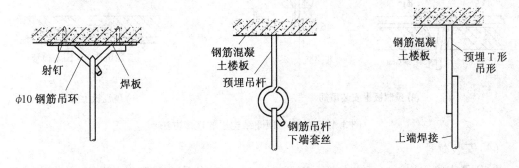

图 3.17　上人吊顶吊杆的连接

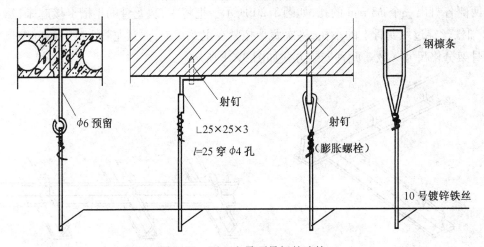

图 3.18　不上人吊顶吊杆的连接

③吊杆应通直并且有足够的承载能力,当预埋件与吊杆需要接长时,必须搭接焊牢,焊缝长度不小于 50 mm,且焊缝均匀,无气孔或夹渣现象。

④吊杆的间距通常是 900～1 500 mm,其间距取决于载荷的大小和龙骨的断面,载荷大则吊点应该近些;龙骨断面大,刚性强,则吊点可以适当减少,但吊杆距龙骨端部距离不得超过 300 mm。

⑤不上人吊顶可采用伸缩式吊杆,这种吊杆指的是吊杆的长度可以自由调节的吊杆。它是由两根 6～10 号铅丝穿入一个弹簧钢片做成的简易伸缩式吊杆。当压缩弹簧钢片时,钢片两端的孔重合,吊杆可以自由伸缩;当钢片处于自由状态时,两端孔位分离,同吊杆卡紧,定位。

（3）安装吊筋。先将吊筋的位置确定出来,再在结构层上钻孔安装膨胀螺栓。上人龙骨的吊筋采用直径6 mm的钢筋,间距是900~1 200 mm;不上人龙骨宜采用直径为4 mm的钢筋,间距为1 000~1 500 mm。吊筋与顶棚结构层的连接方法如图3.19所示。吊筋必须刷防火涂料。

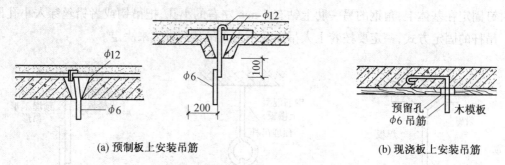

(a) 预制板上安装吊筋　　　　　　　　　　　　　　(b) 现浇板上安装吊筋

图3.19　吊筋与顶棚结构层的连接方法

（4）安装龙骨。

①龙骨安装方法一。于主龙骨上部开出半槽,在次龙骨的下部开出半槽,并在主龙骨的半槽两侧各打出一个φ3 mm的孔,如图3.20所示。把将主、次龙骨的半槽卡接起来,然后用22号细铁丝穿过主龙骨上的小孔,将次龙骨扎紧在主龙骨上,注意龙骨上的开槽间隙尺寸必须与骨架分格尺寸一致。此种安装方式如图3.21所示。

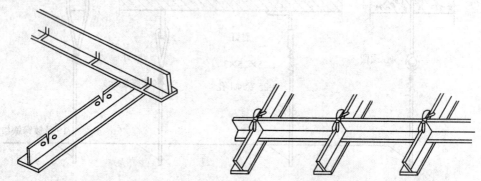

图3.20　主、次龙骨开槽方法　　　　　　　　图3.21　龙骨安装方法一

②龙骨安装方法二。在分段截开次龙骨上剪出连接角,通常打φ4.2 mm的孔,再用φ4 mm铝铆钉固定。连接耳的形式如图3.22所示。连接耳也可打φ3.8 mm的孔,再用M4 mm的自攻螺钉固定。安装的时候把连接耳弯成90°的直角,在主龙骨上也打出相同直径的小孔,然后通过自攻螺钉或者抽芯铆钉将次龙骨固定在主龙骨上。此种安装方式如图3.23所示。

需要注意的是,次龙骨的长度必须与分格尺寸一致,两条次龙骨的间隔应该用模规来控制。

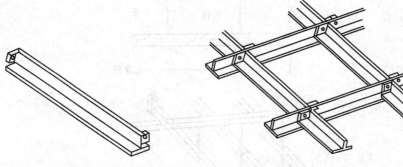

图 3.22　次龙骨连接耳做法　　　　　图 3.23　龙骨安装方法二

③龙骨安装方法三。于主龙骨上打出长方孔,两长方孔的间距为分格尺寸。安装之前应将次龙骨剪出连接耳,安装时只要把次龙骨上的连接耳插入主龙骨上长方孔再弯成 90°直角即可。每个长方孔内可插入两个连接耳。此种安装方式如图 3.24 所示。

安装龙骨时,应该拉纵横标高控制线,进行龙骨的调平及调直。调平应该以房间或大厅为单位,先调平主龙骨。调整方法可在断面为 60 mm×60 mm 的方木上进行,按照主龙骨间距钉圆钉,将主龙骨卡住,临时固定,如图 3.25 所示。方木两端顶到墙上或者柱边,以标高控制为准,拧动吊杆或螺栓,升降调平。若没有主、次龙骨之分,其纵向龙骨的安装也按照此法进行。

龙骨的安装,一般是从房间的一端依次安装到另一端。若有高低跨的部分,先安装高跨,后安装低跨。

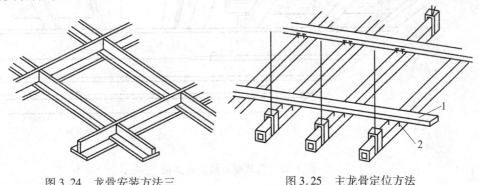

图 3.24　龙骨安装方法三　　　　　图 3.25　主龙骨定位方法
　　　　　　　　　　　　　　　　　　1—木方条;2—铁钉

(5)调平。调平时可以将 60 mm×60 mm 方木按主龙骨间距钉圆钉,再将长方木横放在主龙骨上,并通过铁钉卡住主龙骨,使其按照规定间隔定位,临时固定,如图 3.26 所示。方木两端要顶到墙上或梁边,再按十字和对角拉线,拧动吊筋螺母,调节主龙骨。

(6)装饰板安装形式。

第一种使用自攻螺钉装饰面板固定在龙骨上,但自攻螺钉必须是平头螺钉,如图 3.27 所示。

第二种是装饰面板成企口暗缝形式,用龙骨的两条肢插入暗缝内,靠两条肢将饰面板托挂住,如图 3.28 所示,这种方式需要用⊥形龙骨。

(7)吊顶与墙柱面结合。吊顶与墙柱面结合部通常用角铝做收口处理,有平接式或留槽式,如图 3.29 所示。

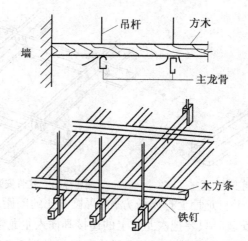

图3.26　主龙骨固定调平示意图

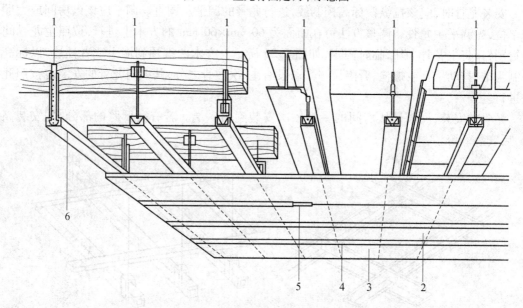

图3.27　自攻螺钉固定饰面板

1—吊杆;2—自攻螺钉;3—普通石膏板;4—嵌缝膏;5—纸带;6—主龙骨

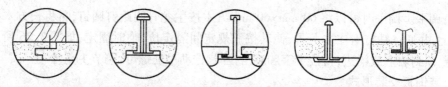

图3.28　用企口缝形式托挂饰面板(配有居室专用企口板材)

(8)吊顶与灯盘或灯槽结合。安装灯位时,要尽量避免主龙骨截断,若避免不了,要把断开的龙骨部分利用加强的龙骨再连接起来,如图3.30所示。

灯泡的收口也可以用角铝线与龙骨连接起来。

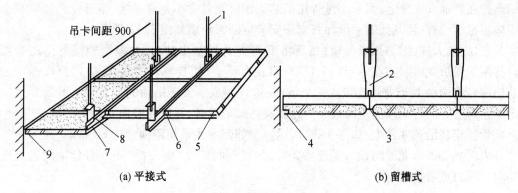

(a) 平接式　　　　　　　　　　　　(b) 留槽式

图 3.29　吊顶与墙柱面结合
1—吊杆;2、8—吊卡;3—主龙骨;4、9—边龙骨;
5—次龙骨间距;6—连接件;7—主龙骨间距

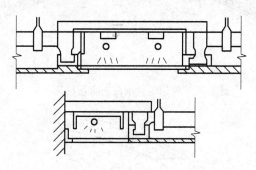

图 3.30　吊顶与灯盘的结合

（9）轻钢龙骨圆弧形吊顶施工。

①当圆弧面比较小时,圆弧面较小的吊顶,可以有 26 号镀锌铁皮弯曲成所需弧度,固定在已罩石膏板的顶棚上,其上刷白色漆饰面,也可以用 0.8 mm 铝板做曲面饰面,如图 3.31 所示。

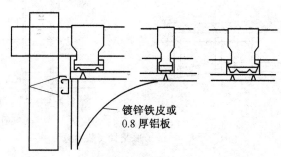

镀锌铁皮或
0.8 厚铝板

图 3.31　轻钢龙骨金属板圆弧吊顶

②当圆弧面比较大时,圆弧面较大的吊顶,应用轻钢龙骨做骨架,用纸面石膏板或者胶合板罩面。用轻钢龙骨做骨架的方法有两种。

其一,将主龙骨与附加大龙骨焊成骨架(骨架的制作应通过计算或放大样确定),然后把小龙骨割出铁口,弯成所需弧度。在安装时,先安装龙骨骨架,其次安装纵向小龙骨,而纵向小龙骨安装时应拉通线,使其顺直并用弧形样板边安装边检查,确保弧形圆顺。纵向小龙骨用铝丝拧在附加大龙骨上,弧形小龙骨用抽芯铝铆钉同纵向小龙骨连接,弧形龙骨安装时也需用样板随时检查,使其圆顺。纸面石膏板安装同圆弧形墙如图3.32所示。

其二,先放大样,做圆弧形台模,然后将U形龙骨切割出缺口,并根据台模弯出所需弧度。将两根弧形龙骨对扣在一起(图3.33)靠在台模上,使其与台模吻合,应用自攻螺钉或抽芯铝铆钉将两根U形龙骨连接成一个整体,这样制成了弧形吊顶的主龙骨。然后顺这条弧形龙骨跨度方向等间跨固定两根竖向龙骨夹住弧形龙骨,并以此竖向龙骨为吊筋,把整片弧形龙骨固定在沿顶龙骨上,如图3.34所示。相邻弧形龙骨间距通常为60 mm。弧形龙骨固定好以后相邻弧形龙骨间设水平连系龙骨,每隔一间档设"剪刀撑"。所有骨架的连接均采用自攻螺钉或者抽芯铆钉。

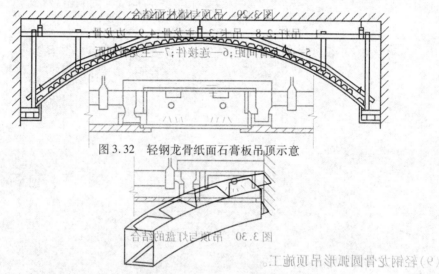

图3.32　轻钢龙骨纸面石膏板吊顶示意

图3.33　弧形主龙骨示意

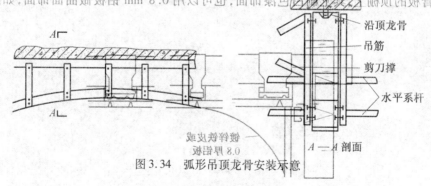

沿顶龙骨
吊筋
剪刀撑
水平系杆

$A—A$剖面

图3.34　弧形吊顶龙骨安装示意

3.2　吊顶饰面板安装

第39讲　石膏板安装

(1)安装方法。石膏板的安装方法有三种,即搁板(平放)法安装、螺钉拧固法安装以及企口咬接法安装。

①搁板（平放）法安装。在T形轻钢或者铝合金龙骨架上安装石膏装饰板，如果选用的板材板边为直角，可直接将板材装入T形龙骨组成的框格内即可。

②螺钉拧固法安装。吊顶骨架由U形轻金属龙骨组成，石膏装饰板可用镀锌的自攻螺钉与中、小龙骨拧固。

③企口咬接法安装。吊顶骨架系由轻钢暗式龙骨组成，石膏罩面板可采用企口咬接的方法进行安装。安装时应确保龙骨与带企口的石膏装饰板配套，并使各企口的相互咬接和图案的拼接自然，安装牢固。

（2）螺钉拧固法安装要点。

①板材应在自由状态下就位固定。

②石膏板的长边（即包封边）应沿次龙骨铺设。

③石膏板用5 mm×25 mm或者5 mm×35 mm的螺钉固定在龙骨上，钉间距通常为150～170 mm，螺钉应与板面垂直。

④安装双层石膏板时，应将面层板和基层板的接缝错开，不得在同一根龙骨上接缝，接缝至少错开300 mm。

⑤铺钉纸面石膏板时，应由每块板的中间向板的四边顺序固定，不得多点同时作业。

⑥螺钉要拧入板面0.5～1 mm，然后以腻子将钉眼腻平，并用与石膏板同样颜色的色浆将所有的腻眼涂刷一遍，以确保饰面板表面颜色一致。

⑦板缝处理，先将石膏腻子均匀地嵌入板缝，并且于板缝外刮涂大约60 mm宽、1 mm厚的腻子，随即贴上穿孔纸带或者玻璃纤维网格带，用刮刀顺穿孔纸带的方向刮压，把多余腻子挤出并刮平、刮实，不可留有气泡，再在板缝表面刮一遍约150 mm宽的腻子。

（3）安装注意事项。

①石膏腻子是以精细的半水石膏粉加入一定量的缓凝剂等加工而成，主要用在纸面石膏板的板缝处理及钉眼填平等处。

②空气湿度对纸面石膏板的膨胀及收缩影响比较大，为了确保装修质量，在湿度特大的环境下一般不宜嵌缝。

③拌制石膏腻子，必须使用清洁的水和容器。

第40讲　金属装饰板吊顶安装

（1）卡入式金属方板吊顶。卡入式金属方板吊顶的金属方板卷边向上，形同有缺口的盒子，一般边上轧出凸出的卡口，卡入有夹簧的龙骨中。

吸声的金属方板可以打孔，上面衬纸再放置矿棉或玻璃棉的吸声垫，形成吸声顶棚。

（2）搁置式金属方板吊顶。

搁置式金属方板吊顶多为T形龙骨，方板四边带翼，搁置之后形成格子离缝，如图3.35所示。

常用的铝合金方板为500 mm×500 mm、600 mm×600 mm以及打孔长方板1 000 mm×500 mm、1 200 mm×600 mm。

（3）长条板彩色钢扣板安装。借助板的褶边，直接将长板条卡在特制的金属龙骨内。这种安装方法不需要任何连接件，装卸都十分方便。图3.36所示为其安装构造。

这种吊顶形式，龙骨需要和板条配套使用。一种规格的长板条，需要有与之相适应的龙骨断面。龙骨经由金属冲压成型，本身既是吊顶的支撑体系，又是板条的连接件。

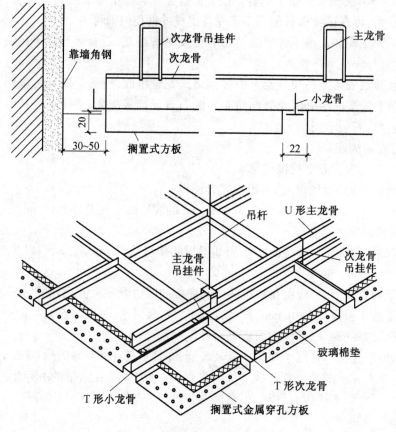

图 3.35　搁置式金属方板吊顶

　　长条板安装,在长条板和长条板之间,有的不做任何处理,两条板之间留出一定的间隙(图 3.37)。也有的在两长板之间,塞上一条薄压条(图 3.38)。

　　(4)铝合金单体构成的固定。

　　①间接固定法。把铝合金格栅单体构成先固定在骨架上,然后再把骨架与楼板或屋面板连接。铝合金格栅的龙骨可以明装,也可以暗装,龙骨间距通过格栅做法确定。吊顶方盒子式单体构件如图 3.39 和 3.40 所示。

　　②直接固定法。用质轻、高强一类材料制成的单体构件,只要把单体构件直接固定即可。也有的将单体构件先用卡具连成整体,再借助通长钢管与吊杆相连,如图 3.41 所示。图 3.42 所示的吊顶安装构造,是用带卡口的吊管把其单体构成卡住,然后再将吊管用吊杆悬吊。

　　(5)铝合金 T 形龙骨轻质板吊顶。

　　①铝合金 T 形双层龙骨构造做法。铝合金 T 形吊顶龙骨骨架以 UC 型轻龙骨为大龙骨,由 T 形铝合金中龙骨、小龙骨及其配件组成。此种吊顶同轻钢龙骨纸面石膏板吊顶一样可以分为轻型、中型、重型三种,其区别在于大龙骨的截面尺寸不同。构造方式为铝合金中龙骨与小龙骨相互垂直连接紧靠着固定于大龙骨下,为双层龙骨,如图 3.43 所示。

　　②中龙骨直接吊挂顶棚构造做法。轻型吊顶为不上人型,铝合金 T 形龙骨吊顶,也可采用中龙骨直接通过垂直吊挂件吊挂方式,做成不承受上人荷载的吊顶,如图 3.44 所示。

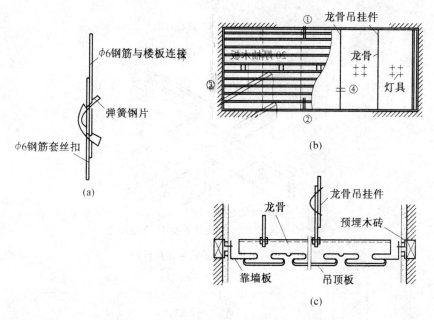

图 3.36　长条形彩色钢扣板吊顶安装

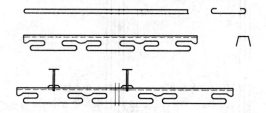

图 3.37　开敞式彩色钢扣板吊顶的面板和卡条形式与截面

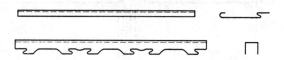

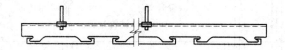

图 3.38　封闭式彩色钢扣板吊顶的面板和卡条形式与截面

　　③吊杆安装构造做法。T 形龙骨的上人或者不上人龙骨的中距都应小于 1 200 mm,吊点间距为 900 ~ 1 200 mm。中小龙骨间距视饰面板材规格通常为 450 mm、500 mm、600 mm。吊点的设置有预埋铁件、吊杆的方式和用射钉固定铁件的方式,如图 3.45 所示。

　　④装饰材料安装方式。轻制装饰板搁在 T 形铝合金龙骨上有浮搁式安装、接插式安装等,如图 3.46 所示。

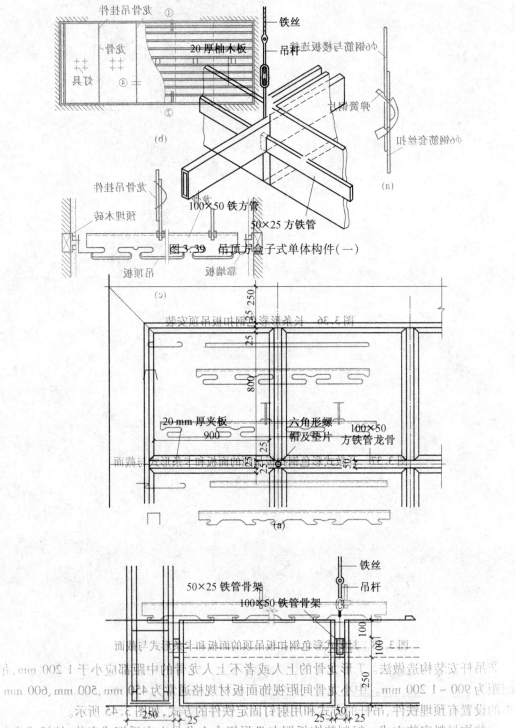

图3.39　吊顶方盒子式单体构件(一)

图3.40　吊顶方盒子式单体构件(二)

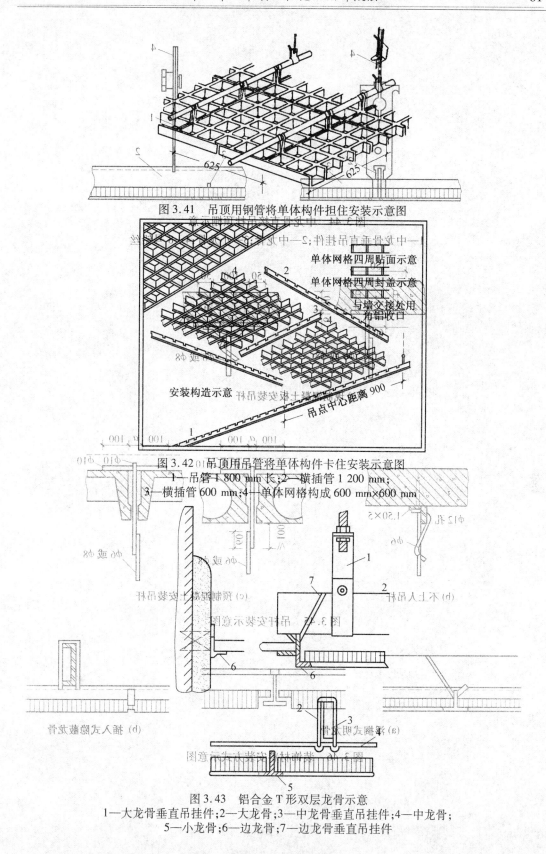

图 3.41　吊顶用钢管将单体构件担住安装示意图

图 3.42　吊顶用吊管将单体构件卡住安装示意图
1—吊管 T 800 mm 长；2—横插管 1 200 mm；
3—横插管 600 mm；4—单体网格构成 600 mm×600 mm

单体网格四周贴面示意

单体网格四周封盖示意

与墙交接处用
吊铝收口

安装构造示意

吊点中心距离 900

图 3.43　铝合金 T 形双层龙骨示意
1—大龙骨垂直吊挂件；2—大龙骨；3—中龙骨垂直吊挂件；4—中龙骨；
5—小龙骨；6—边龙骨；7—边龙骨垂直吊挂件

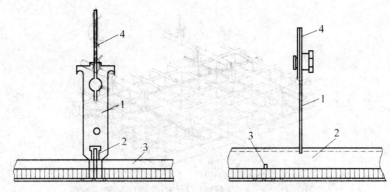

图 3.44　中龙骨直接吊挂顶棚示意

1—中龙骨垂直吊挂件;2—中龙骨;3—小龙骨;4—8 号铅丝

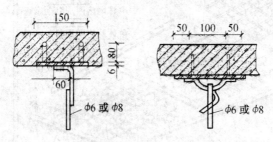

(a) 现制混凝土板安装吊杆

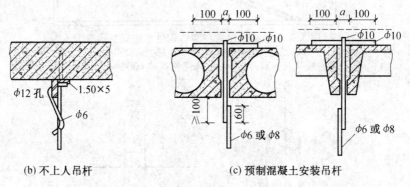

(b) 不上人吊杆　　　　　　(c) 预制混凝土安装吊杆

图 3.45　吊杆安装示意图

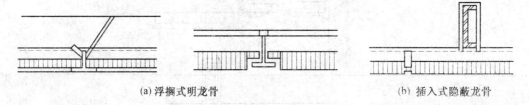

(a) 浮搁式明龙骨　　　　　　　　　　　(b) 插入式隐蔽龙骨

图 3.46　装饰材料安装方式示意图

（6）不锈钢装饰板吊顶收口。

①直接卡口式。在相邻两片不锈钢板对口处，安装一个不锈钢卡口槽，此卡口槽用螺钉固定于吊顶骨架的凹部。安装吊顶面不锈钢板的时候，只要把不锈钢板一端的弯曲部勾入卡口槽内，再用力推按不锈钢板的另一端，通过不锈钢板本身的弹性，使其卡入另一个卡口槽内，如图3.47所示。

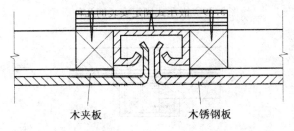

图3.47 直接卡扣式安装

②嵌槽压口式。先将不锈钢板在对口处的凹部用螺钉或铁钉固定，再把一条宽度小于凹槽的木条固定在凹槽中间，两边空出的间隙相等，其间隙宽1.0 mm左右。在木条上涂刷专用胶黏剂，等胶面不黏手时，向木条上嵌入不锈钢槽条。不锈钢槽条在嵌入黏结之前，应用酒精或汽油擦净槽条内的油剂污物，并涂刷一层薄薄的胶液。嵌槽压扣式安装如图3.48所示。

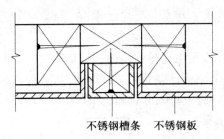

图3.48 嵌槽压扣式安装

第41讲 装饰玻璃镜吊顶安装

（1）嵌压式固定安装。

①嵌压式安装常用的压条为木压条、铝合金压条和不锈钢压条。图3.49所示为嵌压式固定安装的几种形式。

②顶面嵌压式固定前，需根据吊顶骨架的布置进行弹线，并依据骨架来安排压条的位置和数量。

③木压条在固定时，最好通过20~25 mm的钉枪钉来固定，避免使用普通圆钉，以防止在钉压条时震破装饰玻璃镜。

④铝压条和不锈钢压条可用木螺钉固定在其凹部。若采用无钉工艺，可以先用木衬条卡住玻璃镜，再使用环氧树脂胶（万能胶）把不锈钢压条黏卡在木衬条上，然后在不锈钢压条与玻璃镜之间的角位处封玻璃胶，如图3.50所示。

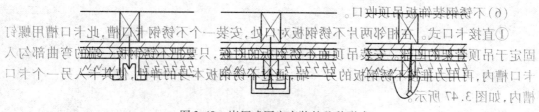

图3.49 嵌压式固定安装的几种形式

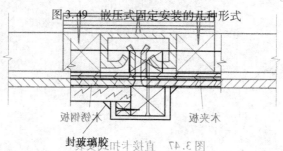

图3.50 嵌压式无钉工艺

（2）玻璃钉固定安装。

①玻璃钉需固定在木骨架上，安装前应按照木骨架的间隔尺寸在玻璃上打孔，孔径小于玻璃钉端头直径3 mm。每块玻璃板上需要钻出4个孔，孔位布置均匀，且尽可能靠近镜面的边缘，以防止开裂。

②根据装饰玻璃镜面的尺寸与木骨架的尺寸，在顶面基面板上弹线，将镜面的排列方式确定出来。

③装饰玻璃镜的安装应该逐块进行。镜面就位以后，先用直径为 2 mm 的钻头，借助玻璃镜上的孔位，在吊顶骨架上钻孔，然后再将玻璃钉拧入。拧入玻璃钉之后，应对角拧紧，以玻璃不晃动为准，最后于玻璃钉上拧入装饰帽，如图3.51所示。

图3.51 玻璃钉固定安装

④装饰玻璃镜在两个面垂直相交时的安装方法有角线托边与线条收边等几种，如图3.52所示。

（3）玻璃片安装。放置玻璃片时，应该在装修的所有工序完毕之后进行。操作时，在框架下将玻璃轻轻斜面拖进架格内，对位放下即可，如图3.53所示。更换或清扫的时候也同样。

因为玻璃易碎，为了增加其顶棚的强度，故多采用钢化玻璃、有机玻璃或磨砂玻璃加钢丝网、压花玻璃加钢丝网等。

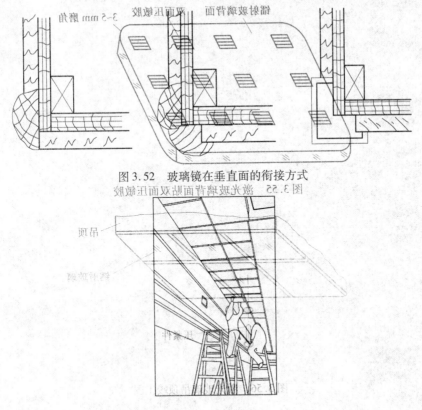

图 3.52　玻璃镜在垂直面的衔接方式

图 3.53　安装玻璃片

第 42 讲　激光玻璃吊顶安装

（1）将待安装的激光玻璃吊顶面用木框按一定的间距装好，并在框架上钉上 3 层或者 5 层板，如图 3.54 所示。

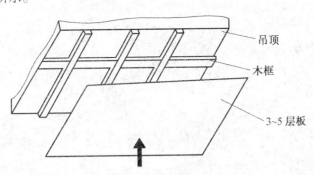

　　　　　　　　　　　　　　　　　　　　吊顶

　　　　　　　　　　　　　　　　　　　　木框

　　　　　　　　　　　　　　　　　　　　3~5 层板

图 3.54　吊顶面钉木龙骨框

（2）按照规定尺寸画安装线。

（3）在安装之前，激光玻璃四角应该磨去 3 ~ 5 mm。并且在待安装的激光玻璃背面局部粘贴上双面压敏胶，如图 3.55 所示。

（4）把贴上双面压敏胶的激光玻璃按照上述划定的尺寸安装线安装。

（5）最后，在激光玻璃四角顶部用木螺钉及压紧件紧固。安装完毕，如图 3.56 所示。

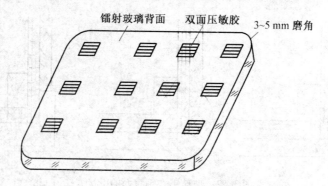

图 3.55　激光玻璃背面贴双面压敏胶

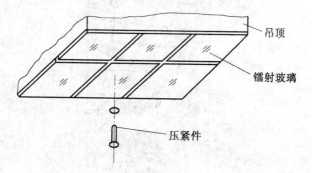

图 3.56　激光玻璃吊顶竣工图

第4章 内墙面装修工程施工细部做法

4.1 墙(板)面施工

第43讲 石材墙、柱面施工

(1)基础施工工艺。石材墙面、柱面铺贴方法比较多,这里主要介绍湿挂法施工工艺与干挂法施工工艺。

①湿挂法施工工艺。湿挂法施工工艺为传统的铺贴方法,也就是在竖向基体上预设膨胀螺栓或U形件,焊接预挂钢筋网,以镀锌铁丝绑扎板材并灌注水泥浆或水泥石屑浆来固定石板材。此法适用于内墙面、柱面、水池立面铺贴大理石、花岗岩以及人造石等饰面板材;也适用于外墙面、勒脚等首层铺贴花岗岩、大理石以及人造石等材料,常用在砖砌基体上施工。

湿挂法铺贴要具备下列几个条件:

a.根据实际测量尺寸,在施工之前按石材规格进行预贴试排,保证接缝均匀,符合施工设计的要求。对复杂饰面的铺贴,则应实测后放大样进行校对,将接缝预留宽度计算好,然后确定开料图并按顺序编号,以备安装。

b.要求饰面石材的尺寸准确、表面光洁以及边棱整齐。人造石(含水磨石)面层应石粒均匀、洁净、色泽协调。天然石材表面不得有隐伤及风化等缺陷;使用前,应根据设计要求,对饰面板材的类型、颜色以及尺寸进行选择分类,对选用的花岗岩应进行放射性能指标复验。

c.石材饰面板工程所用的锚固件与连接件,通常为镀锌、铜或不锈钢制。

d.施工前应检查铺贴的基层是否具有足够的稳定性和刚度,要求垂直、平整,如果偏差较大应剔凿或修补。湿挂法铺贴之前,光滑的基层应做凿毛处理并湿润,并且表面的砂浆、尘土以及油污等要清洗干净。在条件允许下也可以刷界面剂来进行处理,效果会更好。

e.装配式挑檐、托柱等的下部与墙或者柱相接处,大型独立柱脚与地面相接处,镶贴饰面板时应留有适量缝隙,门窗等部位要预先做好安排。

f.冬天由于天气寒冷不便施工时,如果要继续施工,应采取防冻措施保证砂浆的使用温度不得低于5 ℃。夏天镶贴室外饰面板,应避免曝晒。

g.为了避免接缝处渗水,在镶贴装饰板材时其接缝应填嵌密实。室内安装光面和镜面饰面板,其接缝应干接;水磨石人造板也相同,接缝处应采用与饰面板相同颜色的云石胶填嵌。对粗磨面、麻面、条丝面以及天然面饰面板的接缝和勾缝,应用水泥砂浆。分段镶贴时,分段相接处应平整,缝宽一致。对于光面、镜面板材,接缝宽度保持1 mm,粗磨面、麻面以及条纹面保持5 mm,天然面10 mm,水磨石则保持2 mm。

h.饰面石材不宜用易褪色的材料包装,防止污染变色。在运输堆放过程中,应在地面垫木方,光面对光面侧立堆放,注意保护棱角不受损坏。

ⅰ.施工准备。施工准备见表4.1。

表4.1　施工准备

项目	内容
材料	做好板材进场检验工作,如对石板材进行边角垂直测量、平整度检验、角度检验以及外观缺陷检验。在组织挑选、试拼后,进行编号,根据型号、规格以及技术要求分别堆放在仓库内。32.5级以上普通硅酸盐水泥或矿渣硅酸盐水泥、粗砂或中砂、白水泥、铜丝或镀锌铁丝、膨胀螺栓、尾孔射钉、φ6 mm钢筋、环氧树脂类结构胶黏剂等,另外还要准备一定量的石膏粉。
机具	常用的机具有砂浆搅拌机、切割机、角磨机、冲击钻、电锤、电焊设备、水平尺、靠尺板、筛网、线坠、小线、橡皮锤等。
验收	做好结构验收,水电、通风以及设备安装等应提前完成。大面积施工前应先做样板,经质检部门、设计、施工单位共同认定后方可全面施工。
工艺交底	认真熟悉加工开料图,编好技术措施,做好班组施工工艺交底,并且确定好阴、阳角处的接拼形式,在必要时进行磨角加工。
划分尺寸	根据建筑图中标明饰面石材的铺贴高度,并按此高度划分一定尺寸的格子,每格一块石材,这就是设计的开料图,它作为建筑图的补充和订货的依据。
对于可用的破裂板材应提前处理	对棱角、坑洼以及麻点等缺陷进行修补,可用环氧树脂等胶黏剂和被补处石材相同的细粉(或白水泥、颜料)调成腻子嵌补。腻子配比为6101环氧树脂:乙二胺:邻苯二甲酸二丁酯:粉料=100:10:100:200。嵌补棱角时可以用胶带纸支模,固化后撕去胶带纸,用100~800目砂纸逐次打磨平整,最后打蜡抛光。 在黏结破裂的板材时,其黏结面必须清洁,在必要时可用酒精擦拭。在两个黏结面上均匀涂抹环氧树脂胶黏剂(配比为6101环氧树脂:乙二胺:邻苯二甲酸二丁酯=100:(6~8):20,颜料适量),使其在温度不低于15 ℃下固化3 h。通常情况下修补过的板材应铺贴到阴角或最上层等不太显眼的部位或者裁成小料使用。

ⅱ.施工步骤。板材钻孔、剔槽、预下镀锌铁丝→板材安装→灌浆→嵌缝清洗→伸缩缝处的处理。

ⅲ.施工要点。施工要点见表4.2。

表4.2　施工要点

项目	具体要求
板材钻孔、剔槽、预下镀锌铁丝	①按照设计要求将加工好的板材进行钻孔、剔槽。可将其固定在木架上用台钻打孔,孔径宜为φ45 mm,孔深15~20 mm或35~40 mm,孔的形式有牛鼻小孔、直孔和斜孔。板宽大于600 mm时宜增加孔数,但是每块板的上、下(或左右)打孔数量不得少于2个。改进后孔顶可开槽,深5~6 mm,将镀锌铁丝下压入槽中,填充环氧树脂类结构胶黏剂黏结牢固,以便于与墙体钢筋网连接。 ②对于强度很高的花岗石镜面板,钻孔困难时可以用切割机在花岗石上端面锯槽口,用20 mm左右镀锌(铜)铁丝埋卧在槽口中固定,如图4.1所示:一端顺孔槽埋卧用环氧树脂胶粘牢;另一端则伸出板外以便与墙体钢筋网连接。 ③在基体上钻孔,下预埋件,焊接预挂钢筋网。用冲击电钻在基体上钻φ8~10 mm、深60 mm以上的孔,打入膨胀螺栓或埋入U形件,如图4.1所示。焊接横向钢筋,间距宜比板的竖向尺寸短80~100 mm。

续表 4.2

项目	具体要求	
板材安装	板材的安装通常是先做地面再做立面,由下向上排岗排地进行。 ①预排、找平。要按事先拉好的水平线和垂直线对板材进行预排、找平。 ②安装。由中间或一端开始安装,用托线板及靠尺使板材竖直靠平直,随即用钢丝或镀锌铁丝把板材与钢筋网架绑扎固定,确保板与板交接处四角平整。 ③采用膨胀螺栓或 U 形件固定板材时,板与基体的距离通常控制为 30~50 mm,每块板面应放置在控制线上,先使板材上端稍仰,扣好板材下部连接部位,用木楔垫稳找正后再绑扎上部连接部位,上部连接部位可用木楔控制板材及基体的距离,将连接件与基体预埋件绑牢。 ④用黏状的石膏将板上下及两侧缝隙堵严,做临时固定,再通过观察检查有无变形,等石膏硬化后方可灌浆。 ⑤安装时要处理好与其他部位的构造关系。如:门窗、贴脸以及抹灰等厚度都应考虑留出饰面块材的灌浆厚度。要保证首排上口平直,为铺贴上一排板材提供水平的基准面,可采用卡具及螺栓等去撑平固定。 板材接缝有对接、分块、有规则、不规则以及冰纹等。一般缝隙宽度在 1~2 mm。 常见大理石板、花岗石板的阴角拼接如图 4.2 所示,阳角拼接如图 4.3 所示。	
灌浆	①在灌浆前,为避免板侧竖缝漏浆,应先在竖缝内填塞泡沫塑料条、麻丝或用环氧树脂等胶黏剂做封闭,同时用水润湿板材的基体及背面。 ②固定、填好板材的缝隙后,用 1:2.5 水泥砂浆逐层灌注,边灌边用橡皮锤轻轻敲击,确保排除气泡,提高水泥浆的密实度和黏结力。每层灌注高度为 150~200 mm 并且不得大于板高的 1/3,插捣密实,灌浆过程中应由高处灌注,不得碰撞板材。 待其初凝后,检查板面是否移动错位,如移动应及时将其拆除重新安装;无移动则再继续灌注上层砂浆,直到距石板上口 50~100 mm 处停止,未灌注部分等上一排板材安装后再灌注,以使灌浆缝与板接缝错开,上下两排板材凝成一体,加强其整体刚度。 ③安装浅色大理石、汉白玉饰面板材时,灌注砂浆应采用白水泥、白石渣,防止透底浸浆,污染板材外表面降低装饰效果。 ④首层板灌浆完成之后,正常养护到 24 h 以上,再安装第二排板材,这样依次由下往上逐排安装、固定、灌浆。	
嵌缝清洗	①安装完毕后,清除所有石膏与余浆痕迹,以待进行嵌缝。对人造彩色板材,安装于室内的光面、镜面饰面板材的干接缝,应调制与饰面板材色彩相同的胶浆嵌缝。粗磨面、麻面以及条纹面饰面板材的接缝,应采用 1:1 水泥砂浆勾缝。饰面板材安装完毕之后,如面层光泽受到影响,可以重新打蜡抛光,并要采取相应的措施保护棱角不被碰撞。 ②在室外的光面和镜面花岗石饰面板材安装时,接缝可以干接或在水平缝中垫硬质塑料条等,垫塑料板条时应将挤出的砂浆保留,当砂浆硬化后,塑料板条剔出,用与板面相同颜色的细水泥砂浆嵌缝	
伸缩缝处的处理	把一块低于整体表面的未黏结的板材设置于伸缩缝处,铺贴时用两侧饰面板材将其压住,在未黏结板材两侧各用 50 mm 的海绵挡住,两侧饰面板所灌砂浆不与其黏结,为了满足伸缩缝变形的需要,可留有 30 mm 以上的伸缩余地	

续表4.2

项目	具体要求
柱面的铺贴	柱面大理石板或者花岗石板的铺贴工艺与墙面基本相同。但是由于柱面有多种形式,如圆形、方形、多面形以及弧形等,又多属独立或成排设置,是房屋的承重结构,所以在板材拼接角度和预留沉降缝隙要求上有所不同,其主要有下列几个特点。 ①圆形、多面形柱面板材的铺贴。铺贴之前应根据柱体的断面几何尺寸设计好开料图,即将柱体断面周长或多面形每一面长度实际尺寸求出,加上湿铺法或者黏结的黏结胶料厚度,就可设计出加工和异型板材订货的开料图,如图4.4所示,当遇有一根柱上不同断面尺寸不同或为锥形柱时,应按选用板材单块的高度在不同断面设计开料图。 ②当工序采用先铺地面后铺贴柱面时,承重柱应预留下沉量,应于柱面下首排饰面板下方预留20 mm不贴板材。如后铺地面时则将柱面板材铺贴在地面板材下方为宜。 ③在铺贴饰面板材前先进行试排,然后编排好序号再进行铺贴。

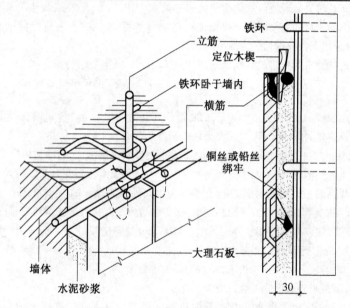

图4.1　湿挂法石材施工构造图

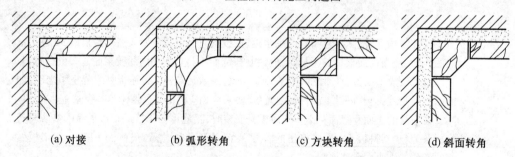

(a) 对接　　　　(b) 弧形转角　　　　(c) 方块转角　　　　(d) 斜面转角

图4.2　大理石、花岗石墙面阴角的构造处理

②干挂法施工工艺。石板干挂法施工工艺就是通常所说的石材干挂施工。也就是在饰面石材上直接打孔或开槽,通过各种形式的连接件(干挂构件)与结构基体上的膨胀螺栓或钢架相连接,而不需要灌注水泥砂浆,使饰面石材和墙体间形成80～150 mm宽的空气流通

层的施工方法。其主要优点是施工相对简便,可减除基面处理及灌浆等工作量,避免了石材
在使用过程中发生各种石材病症。

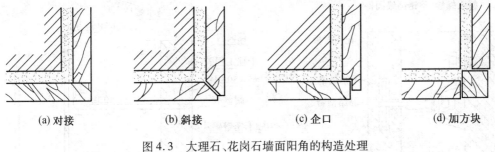

(a) 对接　　　　　　(b) 斜接　　　　　　(c) 企口　　　　　　(d) 加方块

图 4.3　大理石、花岗石墙面阳角的构造处理

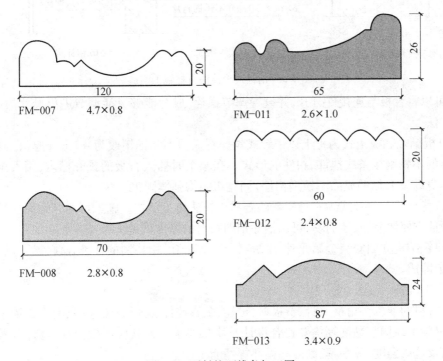

图 4.4　石材柱面线条加工图

通过这种施工方法,石材的安装高度可达 60 000 mm 以上,也是现代高层框架结构建筑
的首选施工方法,可有效减轻建筑物自重以及提高抗震性能,并能适应避免复杂多变的墙体
造型装饰工程。板材与板材之间的拼接缝宽度通常为 6 ~ 8 mm,嵌缝处理后增加了立体的
装饰效果。

这种施工方法与湿挂法的不同点是:为确保石材有足够的强度和使用的安全性,必须增
加石材的厚度[≥(18 ~ 20)mm],这样就要求悬挂基体必须具有较高的强度,才能够承受饰
面传递过来的外力。所用的连接件和膨胀螺栓等也必须具有较高强度和耐腐蚀性,最好选
用不锈钢件方可适应这种施工要求。因此,石板干挂法工艺施工成本比湿挂法要高出很多。

干挂法有很多种,根据所用连接件形式的不同主要分为销针式(钢销式)、板销式以及背
挂式三种。

(i)销针式(钢销式)。在板材上下端面打孔,插入 φ5 mm 或者 φ6 mm(长度宜为 20 ~

30 mm)不锈钢销,同时连接不锈钢舌板连接件,并同建筑结构基体固定。其L形连接件,可与舌板为同一构件,即所谓"一次连接"法,如图4.5所示。

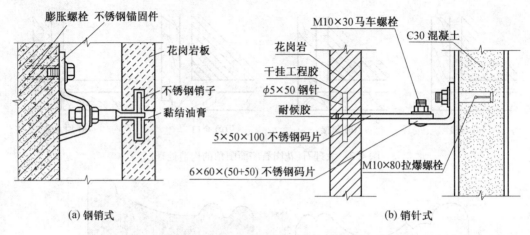

(a) 钢销式　　　　　　　　　　　　　　　　(b) 销针式

图 4.5　销针式干挂法石材施工构造

也可以将舌板与连接件分开,并设置调节螺栓,成为能够灵活调节进出尺寸的所谓"二次连接"法。

(ⅱ)板销式。板销式为把上述销针式勾挂石板的不锈钢销改为≥3 mm 厚(由设计经计算确定)的不锈钢板条式挂件、扣件的形式。在施工时插入石板的预开槽内,用不锈钢连接件(或本身即呈L形的成品不锈钢构件)同建筑结构基体固定。

(ⅲ)背挂式。背挂式为一种崭新的石材干挂施工形式。施工可达到饰面板材的准确就位,并且方便调节、安装简易,可以消除饰面板材的厚度误差。

在建筑结构立面安装金属龙骨,于板材背面开半孔,用特制的柱锥式铆栓同金属龙骨架连接固定即成。

a. 施工准备。

ⅰ. 材料的准备。角钢龙骨、石板材、锚栓、金属挂件、硅酮密封胶、发泡聚乙烯小圆棒以及环氧树脂类结构胶黏剂等均要符合设计及质量要求。尤其应严格控制、检查石板材的抗折、抗拉及抗压强度、吸水率、耐冻融循环等性能。

ⅱ. 机具的准备。切割机、电锤、冲击钻、扳手、手电钻、角磨机、电焊设备及其他机具。

b. 施工步骤。

板材钻孔、开槽→板块补强→基面处理及放线→板材安装→接缝处的处理。

c. 施工要点。

ⅰ. 板材钻孔、开槽。依据设计尺寸在板材的上、下端面钻孔,孔的口径为8 mm 左右,孔深为22～33 mm,同所用不锈钢销的尺寸相适应并加适当空隙余量;采用板销固定石板时,可以使用角磨机开出槽位。孔槽部位的石屑和尘埃应用气动风枪清理干净。

ⅱ. 板材补强。所用天然石材的品种、规格尺寸及色彩等,均要符合设计的要求。为了提高板材力学性能和延长石材的使用寿命,对于未经增强处理的石材,可以在其背面涂刷合成树脂胶黏剂,粘贴复合玻璃纤维网格布作为补强层。

ⅲ. 基面处理及放线。当混凝土墙体表面有影响板材安装的突出部位时(按不锈钢挂件尺寸特点,通常是在结构基体表面垂直度大于150 mm 或基面局部突出使石板与墙身净空距离超过 50 mm 时），应予以凿削修整。

ⅳ. 板材安装。安装时应拉水平通线控制板块上、下口的水平度，可以借助托架、垫楔或其他方法将底层石板准确就位且做临时固定。板材应由最下一排的中间或一端开始，先安装好第一块石板作为基准，平整度以灰饼标志或者垫块控制，垂直度应吊线锤或用仪器检测；一排安装完成后再进行上一排的安装。安装板材时，用冲击电钻在基体上打孔插入金属胀铆螺栓，配用的角钢龙骨做好防腐处理后，用金属胀铆螺栓拧紧并焊死。

通常的不锈钢挂件都带有配套螺栓，所以安装 L 形不锈钢连接件及其舌板的做法可参照其使用说明。用环氧树脂类结构胶黏剂（符合性能要求的石板干挂胶有多种选择，通过设计确定）灌入下排板块上端的孔眼（或开槽），插入 $\geqslant \phi 5$ mm 的不锈钢销（或者厚度 $\geqslant 3$ mm 的不锈钢挂件插舌），然后校正板材，拧紧调节螺栓。

（2）表面处理。全部饰面板材安装完毕之后，应将饰面板材清理干净，并根据设计要求进行嵌缝处理，对较深的缝隙，应先向缝底填入发泡聚乙烯圆棒条，然后外层注入石材专用的耐候硅酮密封胶。

（3）石材墙、柱面施工质量验收标准。石材墙、柱施工质量验收标准要求：立面垂直、表面平整、阳角方正、接缝平直以及墙裙上口平直。块材饰面层允许偏差见表 4.3。

表 4.3　块材饰面层允许偏差

序号	项次	允许偏差/mm		检查方法
		光面	粗磨石	
1	室内	2	2	
	室外	2	4	
2	表面平整	1	2	用 2 m 托线板和塞尺检查
3	阳角方正	2	3	用 20 cm 方尺和塞尺检查
4	接缝平直	2	3	拉 5 m 小线和尺量检查
5	墙裙上口平直	2	3	拉 5 m 小线和尺量检查
6	接缝高度	0.3	1	用钢板短尺和塞尺检查
7	接缝宽度	0.3	1	用尺量检查

第 44 讲　陶瓷墙、柱面施工

（1）基础施工工艺。

①内墙釉面砖施工工艺。釉面陶瓷内墙砖或者称釉面内墙砖，也可简称釉面砖、瓷砖以及瓷片等，是用于内墙贴面装饰的薄片精陶建筑材料。该制品采用优质陶土或者瓷土原料的泥浆脱水干燥，并进行半干法压型，素烧之后施釉入窑釉烧或生坯施釉一次烧成。按其外形可分为正方形、矩形和异型配件砖；根据其材料组成可分为石灰石质、长石质、滑石质、硅灰石质以及叶蜡石质等。

用于铺贴室内墙面的陶瓷釉面砖，由于其吸水率较大，坯体较为疏松，若将其用于室外恶劣气候条件下，易出现釉坯剥落的后果；而其釉面细腻光亮如镜，规格一致性好以及厚度薄等优点，用于内墙非常理想，尤其适合盥洗室、厨房、卫生间以及卫生条件要求非常严格的室内环境。釉面砖表面光洁,耐酸碱腐蚀,方便擦拭清洗,加上有各种配件砖与之相配套以及十分丰富的颜色、图案装饰,镶嵌后的装饰效果非常好,所以很受欢迎。施工前要满足以下几个条件:

　　ⅰ.主体结构的施工及验收完毕。

　　ⅱ.门窗框、窗台板施工及验收完毕。铝合金、塑钢门窗框边缝所用嵌塞材料要满足设计要求,且应塞堵密实并事先粘贴好保护膜。做好内隔墙及水电预埋管线,堵好管洞;洗面器托架、镜钩等附墙设备应预埋防腐木砖,并且位置要准确。

　　ⅲ.完成墙顶抹灰、墙面防水层、地面防水层以及混凝土垫层。

　　ⅳ.弹好墙面+500 mm水平线。

　　Ⅴ.如室内层高、墙面大,需要搭设脚手架时,其横竖杆及拉杆等应离开门窗口角和墙面150~200 mm,架子的步高要满足设计要求。

　　ⅵ.大面积铺贴内墙砖工程应做样板,经质量部门检查合格之后,方可正式施工。

　　a.施工准备。

　　ⅰ.施工工具准备。木抹子、铁抹子、小灰铲、大木杠、角尺、托线板、八字靠尺、水平尺、卷尺、克丝钳、墨斗、尼龙线、刮尺、钢扁铲、小铁锤、水桶、扫帚、水盆、洒水壶、筛网、切砖机、合金钢钻子及拌灰工具等。

　　ⅱ.施工材料准备。32.5级以上普通硅酸盐水泥或矿渣硅酸盐水泥、粗中砂、石灰膏、白水泥、嵌缝剂等。

　　b.施工步骤。

　　选砖→基层处理→规方、贴标块→设标筋→抹底子灰→排砖、弹线、拉线、贴标准砖→垫底尺→铺贴釉面砖叶擦缝。瓷砖墙面施工构造如图4.6所示。

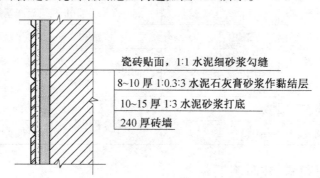

瓷砖贴面,1:1水泥细砂浆勾缝
8~10厚 1:0.3:3水泥石灰膏砂浆作黏结层
10~15厚 1:3水泥砂浆打底
240厚砖墙

图4.6　瓷砖墙面施工构造

　　c.施工要点。

　　ⅰ.选砖。在铺贴前应开箱验收,也就是根据设计要求选择规格一致、外形平整方正、不缺棱掉角、无开裂和脱釉以及色泽均匀的砖块与配件。发现破碎产品、表面有缺陷并且影响美观的产品均应挑出。还应自制检查砖规格的套砖模具,将砖由一边插入,然后将砖转90°再插另外两条边,按1 mm差距将砖分档为三种规格,将相同规格的砖镶在同一房间,大小规格不可混合使用,以免影响镶贴效果。

　　ⅱ.基层处理。基层为混凝土,剔凿基体凸出部分。如有隔离油污等,可以先用10%的火碱水洗干净,再用清水冲洗干净。将1:1水泥细砂浆(可掺适量胶黏剂)喷或者甩到基体表面做毛化处理,待其凝固后,分层分遍用1:3水泥砂浆打底,批抹厚度约为10 mm,最后用抹子搓平呈毛面,隔日洒水养护。

基层为砖墙:把基层表面的灰尘清理干净,浇水润湿。以1:3水泥砂浆打底,批抹厚度约10 mm,要分层分遍进行操作;最后在用抹子搓平呈毛面,隔日洒水养护。

基层为加气混凝土:将其表面用水润湿,在缺棱掉角部位刷聚合物水泥砂浆一道,用1:3:9水泥石灰膏混合砂浆分层补平,干燥之后再钉一层金属网并绷紧。在金属网上分层批抹1:1:6混合砂浆打底,砂浆同金属网连接要牢固,最后用抹子搓平呈毛面,隔日洒水养护。

纸面石膏板或其他轻质墙体材料基体:把板缝按照具体产品及设计要求做好嵌填密实处理。板缝应添防潮材料,并粘贴嵌缝带(穿孔纸带或者玻璃纤维网格布等防裂带)做补强,使之形成整体墙面,相邻的砖缝应避免在板缝上。建议在板材表面用清漆打底,以降低板面吸水率而增加黏结力。

iii.规方、贴标块。首先用托线板检查墙体平整、垂直程度,根据此确定抹灰厚度,但最薄不应少于7 mm。遇墙面凹度较大处要分层涂抹,严禁一次抹得太厚,避免空鼓开裂。

于2 000 mm左右高度,距两边阴角100~200 mm处,分别做一个标块,大小可为50 mm×50 mm,厚度根据墙面平整、垂直程度决定,常用1:3水泥砂浆(或用水泥:白灰膏:砂=1:0.1:3的混合砂浆)。根据上面两个标块用托线板挂垂直线做下面两个标块或者在踢脚线上口处两个标块的两端砖缝分别钉上小钉子,在钉子上拉横线,线距标块表面1 mm,依据小线做中间标块,厚度与两端标块一样。标块间距为1 000~1 500 mm,在门窗口垛角处均应做标块。如果墙高在3 000 mm以上,应两人一起挂线贴标块,一人在架子上吊线锤,另一人站在地面依据垂直线调整上下标块的厚度。

iv.设标筋(冲筋)。墙面浇水润湿之后,在上下两个标块之间先抹一层宽度约为100 mm左右的1:3水泥砂浆,稍后抹第二遍凸起成八字形,应略高于标块,然后用木杠两端紧贴标块左右上下来回搓动,直到把标筋与标块搓到一样平为止(图4.7)。操作时要检查木杠有无受潮变形,避免标筋不平。

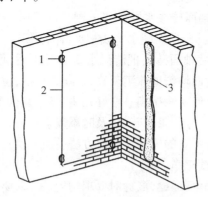

图4.7　规方、贴标块、设标筋
1—标志块;2—标志线;3—标筋

v.抹底子灰。首先,先薄薄抹一层,再以刮杠刮平,用木抹子搓平后再抹第二遍,与标筋找平;其次,掌握好抹底灰的时间,过早易把标筋刮坏,产生凹现象;过晚待标筋干了,抹上的底子灰虽然看似与标筋齐平,可是待底灰干时,便会出现标筋高出墙面的现象。不同的基层墙面,具体做法也就有所不同。

砖墙面:先在墙面上浇水润湿,紧跟着分层分遍抹1:3水泥砂浆底子灰,厚度约为12 mm,吊直,刮平,底灰要扫毛或者划出横向纹道,24 h后浇水养护。

混凝土墙面:先刷一道10%的107胶水溶液,之后分层分遍抹1:3水泥砂浆底子灰,每层厚度以5~7 mm为宜。底层砂浆和墙面要黏结牢固,打底灰要扫毛或划出横向纹道。

加气混凝土或板:先刷一道20%的107胶水溶液,紧跟着分层分遍抹1:0.5:4水泥混合砂浆,厚度约7 mm,吊直、刮平,底子灰要扫毛或者划出横向纹道。当灰层终凝后,浇水养护。

ⅵ.排砖。依据设计要求和选砖结果及铺贴釉面砖墙面部位的实测尺寸,从上至下按块数排列。铺贴釉面砖通常从阳角开始,非整砖应排在阴角或次要部位,小余数可用调缝解决。如果缝宽无具体要求时,可以按1~1.5 mm计算。排在最下一块的釉面砖下边沿应比地面标高低10 mm。

顶天棚铺砖,可以在下部调整,非整砖留在最下层;遇有吊顶铺砖时,砖可伸入棚内50 mm。如竖向排列余数不大于半砖时,可以在下边铺贴半砖,多余部分伸入棚内。

在卫生间、盥洗室等有洗面器、镜箱的墙面铺贴釉面砖时,应把洗面器下水管中心安排在釉面砖中心或者缝隙处。

ⅶ.弹线、拉线以及贴标准砖。

弹竖线:经检查基层表面满足贴砖要求后,可以用墨斗弹出竖线,每隔2~3块砖弹一竖线,顺着竖线在墙面吊垂直,贴标准点(用水泥:石灰膏:砂=1:0.1:3的混合砂浆),然后在墙面两侧贴定位釉面砖两行(标准砖行),大面墙可以贴多条标准砖行,厚度5~7 mm。以此作为各块砖铺贴的基准,定位砖底边必须同水平线吻合。

弹水平线:在距地面一定高度处弹水平线,但是离地面最低不要低于50 mm,以便垫底尺,底尺上口与水平线吻合。大墙面以每隔1 000 mm左右间距弹一条水平控制线为宜。

拉线:在竖向定位的两行标准砖间分别拉平整控制线,保证所贴的每一行砖与水平线平直,同时也控制整个墙面的平整度。

ⅷ.垫底尺。为了避免釉面砖在水泥砂浆未硬化前下坠,可根据排砖弹线结果,在最低一块砖下口垫好底尺(木尺板),顶面同水平线相平,作为第一块釉面砖的下口标准。

ⅸ.铺贴釉面砖。在铺贴釉面砖前把砖浸水2 h,晾干后,可用1:1水泥砂浆或水泥素浆铺贴釉面砖。在釉面砖背面均匀地抹满灰浆,以线为标准,位置准确地贴在润湿的找平层上,用小灰铲木把轻轻敲实,使灰浆挤满。贴好几块之后,要认真检查平整度和调整缝隙,发现不平砖要用小铲将其敲平,亏灰浆的砖,应及时添灰浆重贴,对于所铺贴的砖面层,严格进行自检,杜绝空鼓、不平以及不直的毛病。照此方法一块一块自下而上铺贴。从缝隙中挤流出的灰浆要及时用抹布、棉纱擦净。

ⅹ.擦缝。用专用的嵌缝剂嵌缝,嵌缝时要求均匀、密实,防止渗水。最后用清水将砖面冲洗干净,用棉纱擦净。

ⅺ.冬期施工:对冻结法砌筑的墙体,应事先采取相应的解冻措施,完全解冻后且室温在5 ℃以上时,方可在室内贴釉面砖。冬季在室内铺贴釉面砖时,要注意监测湿度,通风换气,对各种材料要采取保温防冻措施,并且砂浆温度不宜低于5 ℃。

②外墙砖施工工艺。

外墙陶瓷饰面砖或简称外墙砖,是以优质耐火黏土和瓷土为主要原料,经压干成型后,在 1 100 ℃左右煅烧制成的块状贴面装饰材料,相比于釉面内墙砖,其吸水率低,有更好的耐久性。

外墙砖大体可分为炻器质(半瓷半陶)与瓷质两大类,有有釉和无釉之分。这类产品随着吸水率的降低,其耐候性提高,抗冻性好。在寒冷地区使用的外墙砖,吸水率以不大于 4% 为宜,而瓷化程度越好的产品,其造价也就越高。

a. 施工准备。施工前的准备同内墙釉面砖施工准备。

b. 施工步骤。基体处理→抹找平层→刷结合层→排砖、弹线、分格→浸砖、铺贴外墙砖→墙砖勾缝与清理。

c. 施工要点。

ⅰ. 基层处理同内墙釉面砖施工。

ⅱ. 抹找平层。先润湿基体表面,可以采用聚合物水泥细砂浆做拉毛处理,形成结合层。然后进行挂线、贴灰饼标志块和冲筋,其间距不大于 2 000 mm。找平层可选用防水、抗渗性的水泥砂浆来分层施工,禁止空鼓,每层厚度控制在 7 mm 左右,且应在前一层终凝后再抹后一层,厚度应不大于 20 mm,否则要做加固措施。找平层表面应刮平搓毛,并且在终凝后浇水养护。檐口、窗台、雨篷以及腰线等处,抹找平层时要留出流水坡和滴水线。

ⅲ. 刷结合层。可以采用聚合物水泥细砂浆做拉毛处理或涂刷界面剂,形成结合层。

ⅳ. 排砖、弹线、分格。当基层六至七成干时,即可根据设计进行排砖、确定接缝宽度,分段分格弹出控制线,同时动手贴面层标准点,以控制面层出墙尺寸和垂直平整度。排砖要用整砖,非整砖应排在阴角与次要部位,对于必须使用非整砖的部位,其宽度也应不小于整砖的 1/3。应满足横缝与门窗台或者腰线平行,竖线与阳角、门窗膀平行,门窗口阳角均为整砖。阳角处砖的压向通常为大面压小面、正面压侧面,在窗台(窗框下口处)应上面压下面。外墙砖组合铺贴形式多种多样:砖块竖贴、横贴;宽缝、窄缝;顺缝、错缝;横缝宽、竖缝窄,横竖宽缝以及留分格缝等形式。

ⅴ. 浸砖、铺贴外墙砖。不经浸水的外墙面砖吸水性较大,粘贴之后会迅速吸收黏结层中的水分,影响黏结层的强度,导致粘贴不牢固。因此,经检查合格的砖粘贴前要先清扫干净,然后放入清水中浸泡。浸泡时间要在 2 h 以上,取出之后阴干备用。

粘贴应由下而上进行,高层建筑可以分段进行。在每一分段或分块内的最下一层砖下皮的位置垫好靠尺(底尺),并通过水平尺校正,以此托住第一批砖,在砖外皮上口拉水平通线,作为铺贴的标准。在砖背面宜采用 1:2 水泥砂浆或者 1:0.2:2 的水泥:石灰膏:砂的混合砂浆铺贴,砂浆厚度为 6~10 mm,将砖贴于墙上之后,用灰铲木把轻轻敲实、压平,使之附线,再用钢片开刀调整竖缝,并用杠尺借助标准点调整砖面水平与垂直度。

另一种做法为,用 1:1 水泥砂浆加水重 20% 的 107 胶,在砖背面抹 3~4 mm 厚粘贴即可,此做法要求基层必须非常平整,施工精度要求高。

女儿墙压顶、窗台以及腰线等部位需要铺贴砖时,除流水坡度符合要求外,还应做成顶面砖压立面砖、正面砖压侧面砖的结构,防止向内渗水,引起空鼓。同时还应做成立面砖最低一块砖侧压底平面砖,并低出底平面砖 3~5 mm 的结构,使其起到滴水线(槽)的作用,避免屋檐渗水,引起墙面空裂。

对于阳角处,为了美观,常常采取两砖背面相对的边各磨成45°角的形式,两砖相对合形成直角,棱角清晰、美观。一面圆砖用于墙裙收口,也可两面圆同一面圆结合应用。

ⅵ.墙砖勾缝与清理。外墙砖的缝隙通常在5 mm以上,用1∶1水泥细砂浆或专用嵌缝剂勾缝,宽窄以设计为准。先勾水平缝,再勾竖缝,勾好之后要求凹进砖表面2~3 mm。若横竖缝为干挤缝(碰缝),或小于3 mm的情况,应用白水泥配矿物颜料进行擦缝处理。面砖勾完缝后,用布或者棉纱蘸稀盐酸擦洗,最后以清水冲洗干净。墙砖勾缝效果示意如图4.8所示。

防水

抗碱

不吐白

颜色更持久

图4.8　墙砖勾缝效果示意

ⅶ.冬期施工。冬期施工通常只在低温初期进行,严寒阶段不能施工。砂浆温度不得低于5 ℃,砂浆硬化前,应采取防冻措施。可以掺入能降低冻结温度的外加剂,其掺入量应由试验确定。

用冻结法砌筑的墙体,应待完全解冻之后再抹灰,不得用热水冲刷冻结墙面或者用热水消除墙面冰霜。

冬期施工,砂浆内的石灰膏与107胶不能使用,可采用同体积的粉煤灰代替或改用水泥砂浆抹灰,以防灰层早期受冻,确保操作质量。

(2)表面处理。全部饰面安装完毕之后,根据设计要求进行嵌缝处理,并将饰面板材清理干净。

(3)陶瓷墙、柱面施工质量验收标准。陶瓷墙、柱面施工质量验收标准要求:立面垂直、表面平整、阴阳角方正、接缝平直以及墙裙上口平直。陶瓷墙柱饰面层允许偏差见表4.4。

表4.4　陶瓷墙柱饰面层允许偏差

序号	项次	允许偏差/mm		检查方法
		外墙面砖	釉面砖	
1	立面垂直	3	3	用2 m托线板和尺量检查
2	表面平整	2	2	用2 m托线板和塞尺检查
3	阴阳角方整	2	2	用20 cm方尺和塞尺检查
4	接缝平直	3	3	拉5 m小线和尺量检查
5	墙裙上口平直	2	2	拉5 m小线和尺量检查
6	接缝高低	1	1	用钢板短尺和塞尺检查

第45讲　木护墙板施工

木龙骨架基础施工工艺如下。

(1)施工准备。

①施工条件准备。

a. 墙体结构的检查。一般墙体的构成可分为砖混结构、加气混凝土结构、空心砖结构、轻钢龙骨石膏板隔墙、木隔墙。不同的墙体结构，对装饰墙面板的工艺要求也不同。所以要编制施工方案，并对施工人员做好技术及安全交底，做好隐蔽工程和施工记录。

b. 主体墙面的验收。用线锤检查墙面垂直度和平整度。如墙面平整误差在 10 mm 以内，采取垫灰修整的办法；如误差大于 10 mm，可以在墙面与木龙骨之间加木垫块来解决，以确保木龙骨的平整度和垂直度。

c. 防潮处理。在一些较为潮湿的地区，基层需要做防潮层。在安装木龙骨之前，用油毡或油纸铺放平整，搭接严密，不得有褶皱、裂缝以及透孔等弊病；如用沥青做密实处理，应待基层干燥后，再均匀地涂刷沥青，不得有漏刷。铺沥青防潮层时，要先于预埋的木楔上钉好钉子，做好标记。

d. 电器布线。在吊顶吊装完毕后，墙身结构施工前，墙体上设定的灯位、开关插座等需要预先抠槽布线，敷设到位之后，用水泥砂浆填平。

②材料的准备。底板、木龙骨、饰面板材、防火及防腐材料、钉、胶均应备齐，材料的品种、规格以及颜色要符合设计要求，所有材料必须有符合环保要求的检测报告。

③工具的准备。同木吊顶施工工艺。

（2）施工步骤。

基层处理→弹线→检查预埋件（或预设木楔）→制作木骨架（同时做防腐、防潮、防火处理）→固定木骨架→敷设填充材料→安装木板材→收口线条的处理→清理现场。木护墙板施工构造如图4.9所示。

（3）施工要点。

①基层处理。不同的基层表面有不同的处理方法。

一般的砖混结构，在安装龙骨前，可在墙面上按弹线位置用 16～20 mm 的冲击钻头钻孔，其钻孔深度不小于 40 mm。在钻孔位置打入直径大于孔径的浸油木楔，并把木楔超出墙面的多余部分削平，这样有利于确保护墙板的安装质量。还可以在木垫块局部找平的情况下，采用射钉枪或强力气钢钉将木龙骨直接钉在墙面上。

基层为加气混凝土砖、空心砖墙体时，先把浸油木楔按预先设计的位置预埋于墙体内，并用水泥砂浆砌实，使木楔表面与墙体平整。预埋木砖、木筋构造如图4.10所示。

基层为木隔墙、轻钢龙骨石膏板隔墙时，先把隔墙的主副龙骨位置画出，墙面待安装的木龙骨固定点标定后，方可施工。

②弹线。弹线有以下两个目的：一是使施工有了基准线，以便于下一道工序的施工。二是检查墙面预埋件是否符合设计要求；空间尺寸是否合适；电器布线是否影响木龙骨安装位置；标高尺寸是否改动等。在弹线过程中，若发现有不能按原来标高施工的问题和不能按原来设计布局的问题，应及时提出设计变更，以确保工序的顺利进行。

a. 护墙板的标高线。确定标高线最常用的方法是通过透明软管注水法，详见木吊顶工程。

首先确定地面的地平基准线。若原地面无饰面，基准线为原地平线；如果原地面需铺石材、瓷砖以及木地板等饰面，则需根据饰面层的厚度来定地平基准，即在原地面基础上加上饰面层的厚度。其次将定出的地平基准线画在墙上，也就是以地平基准线为起点，在墙面上量出护墙板的装修标高线。

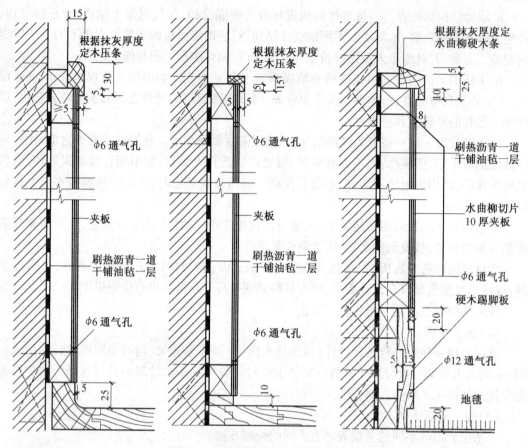

图4.9　木护墙板施工构造示意图

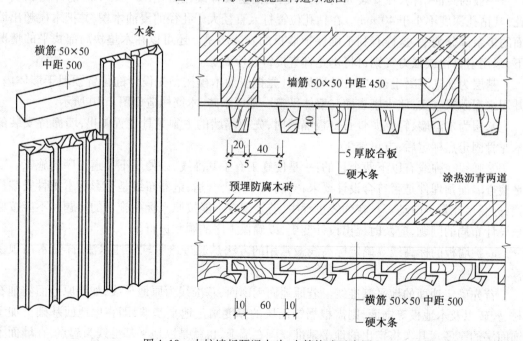

图4.10　木护墙板预埋木砖、木筋构造示意图

b. 墙面造型线。先将需作装饰的墙面中心点测出,并用线锤的方法确定中心线。然后在中心线上,确定装饰造型的中心点高度。之后再分别确定出装饰造型的上线位置和下线位置、左边线的位置以及右边线的位置。最后分别通过线垂法、水平仪或软管注水法,确定边线水平高度的上下线的位置,并且连线而成。

③检查预埋件。检查墙面预埋的木楔是否平齐或有损坏,位置及数量是否满足木龙骨布置的要求。

④制作木骨架。安装的所有木龙骨要做好防腐、防潮以及防火处理。木龙骨架的间距通常根据面板模数或现场施工的尺寸而定,通常为 400~600 mm。在有开关插座的位置处,要在其四周加钉龙骨框。为了保证施工后面板的平整度,达到省工省时、计划用料的目的,可先在地面进行拼装。要求将墙面上需要分片或可以分片的尺寸位置标出,再根据分片尺寸进行拼接前的安排。如图 4.11 所示。

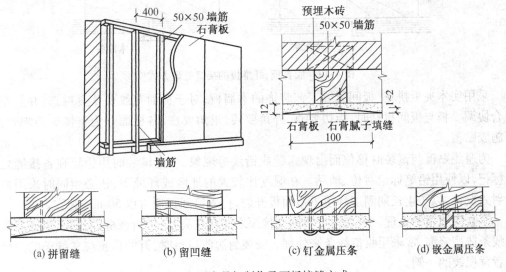

图 4.11　木骨架制作及面板接缝方式

⑤敷设填充材料。对于有隔声、防火以及保温等要求的墙面,将相应的玻璃丝棉、岩棉以及苯板等敷设在龙骨格内,但要符合相关防火规范要求。

⑥安装木板材。固定式墙板安装的板材分为底板和饰面板两类。底板多用胶合板、中密度板、细木工板做衬板;饰面板多用各种实木板材、人造实木夹板、防火板以及铝塑板等复合材料,也可以采用壁纸及软包皮革进行装饰。

a. 选材。不论底板或饰面板,都应预先进行挑选。饰面板应分出不同材质、色泽或按深浅颜色顺序使用,近似颜色用在同一房间内(面饰混色漆时可不做限定)。

b. 拼接。底板的背面应做卸力槽,防止板面弯曲变形。卸力槽一般间距为 100 mm,槽宽 10 mm,深 5 mm 左右。

在木龙骨表面上刷一层白乳胶,底板和木龙骨的连接采取胶钉方式,要求布钉均匀。

根据底板厚度选用固定板材的铁钉或气钉长度,通常为 25~30 mm,钉距宜为 80~150 mm。钉头要用较尖的冲子,顺木纹方向打入板内 0.5~1 mm,之后先给钉帽涂防锈漆,钉眼再用油性腻子抹平。10 mm 以上底板常用 30~35 mm 铁钉或气钉固定(通常钉长是木板厚度的 2~2.5 倍)。

留缝工艺的饰面板装饰,要求饰面板尺寸精确,缝间中距一致,整齐顺直。板边裁切之后,必须用细砂纸打磨,没有毛茬,饰面板与底板的固定方式为胶钉的方式。防火板、铝塑板等复合材料面板粘贴必须采用专用速干胶(大力胶、氯丁强力胶),粘贴之后用橡皮锤或用铁锤垫木块逐排敲钉,力度均匀适度,以使胶接性能增强。常见胶合板、纤维板的接缝处理方式,如图4.12所示。

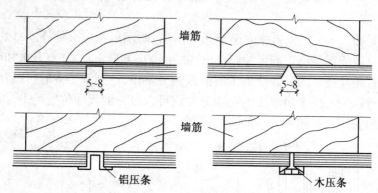

图4.12　胶合板、纤维板的接缝处理方式

采用实木夹板拼花、板间无缝工艺装饰的木墙板,对于板面花纹要认真挑选,并且花纹组合协调。板与板间拼贴时,板边要直,外角要硬,里角要虚,各板面作为整体试装吻合,方可施胶贴覆。

为避免贴覆与试装时移位而出现露缝或错纹等现象,可在试装时用铅笔在各接缝处做出标记,以便用铅笔标记对位、铺贴。在湿度比较大的地区或环境下,还必须同时采用蚊钉枪射入蚊钉,以防止长期潮湿环境下覆面板开裂,打入钉间距通常以50 mm为宜。

⑦收口线条的处理。若在两个不同交接面之间存在高差、转折或缝隙,那么表面就需要用线条造型修饰,常采用收口线条来处理。安装封边收口条时,钉的位置应在线条的凹槽处或者背视线的一侧。

⑧清理现场。

4.2　裱糊和软包工程

第46讲　裱糊工程施工

(1)裱糊工程施工作业条件。

①裱糊工程通常是在顶棚基面、门窗及地楼面装饰施工均已完成,电气和其他设备已经安装后方可进行;影响裱糊操作及饰面的设施或附件应拆除;基层表面外露的钉帽应打入并用油性腻子填平钉孔。

②裱糊基层经检查验收确认合格,基层基本干燥,混凝土及抹灰面含水率不大于8%,木材制品基面含水率不大于12%。

③在裱糊过程中及裱糊面干燥之前,应避免穿堂风劲吹和气温突然变化。冬期施工应在采暖条件下进行,施工环境温度不应低于15 ℃。

④裱糊时空气相对湿度不应过高,通常应低于85%。在潮湿季节施工时,应注意对裱糊

面的保护,白天打开门窗适度通风,夜晚关闭门窗防止潮湿气体的侵袭。

(2)材料要求。

①壁纸、墙布的种类、规格、图案、颜色以及燃烧性能等级必须符合设计要求及国家现行标准的有关规定。进场材料应检查产品合格证书、性能检测报告,并要做好进场验收记录。

②民用建筑工程室内装修所采用的水性涂料、水性胶黏剂以及水性处理剂必须有总挥发性有机化合物(TVOC)和游离甲醛含量检测报告;溶剂型涂料及溶剂型胶黏剂必须有总挥发性有机化合物(TVOC)、苯、游离甲苯二异氰酸酯(聚氨酯类)含量检测报告,并应满足设计要求和《民用建筑工程室内环境污染控制规范(2013 版)》(GB 50325—2010)的规定要求。

③建筑材料和装修材料的检测项目不全或对检测结果有疑问时,必须把材料送有资格的检测机构进行检验,检验合格之后方可使用。

④民用建筑工程室内用水性胶黏剂,应测定其挥发性有机化合物(VOC)与游离甲醛的含量,其限量应符合表4.5的规定。

表4.5 室内用水性胶黏剂中 VOC 和游离甲醛限量

测定项目	限量			
	聚乙酸乙烯酯胶黏剂	橡胶类胶黏剂	聚氨酯类胶黏剂	其他胶黏剂
挥发性有机化合物 VOC/ $(g \cdot L^{-1})$	≤110	≤250	≤100	≤350
游离甲醛/$(g \cdot kg^{-1})$	≤1.0	≤1.0	—	≤1.0

⑤民用建筑工程室内用溶剂型胶黏剂,应测定其挥发性有机化合物(VOC)、苯、甲苯+二甲苯的含量,其限量应符合表4.6的规定。

表4.6 室内用溶剂型胶黏剂中 TVOC、苯、甲苯+二甲苯限量

测定项目	限 量			
	氯丁橡胶胶黏剂	SBS 胶黏剂	聚氨酯类胶黏剂	其他胶黏剂
苯/$(g \cdot kg^{-1})$	≤5.0			
甲苯+二甲苯/$(g \cdot kg^{-1})$	≤200	≤150	≤150	≤150
挥发性有机物	≤700	≤650	≤700	≤700

⑥民用建筑工程室内用水性阻燃剂(包括防火涂料)、防水剂、防腐剂等水性处理剂,应测定游离甲醛的含量,其限量应符合表4.7的规定。其测定方法应按《室内装饰装修材料内墙涂料中有害物质限量》(GB 18582—2008)的有关规定进行。

表4.7 室内用水性处理剂中游离甲醛限量

测定项目	限量
游离甲醛/$(g \cdot kg^{-1})$	≤100

(3)施工常用工具。裱贴壁纸所需的工具主要有下列几种:

①工作台。裱贴现场要为裁纸与刷黏结剂准备一张工作台,长 2 m,宽 1 m 左右。通常使用一块五合板或七合板,高度可根据操作方便而定,多在 70 cm 高。

②裁剪工具。

a.长刃剪刀。对于较重型的壁纸、墙布裁割,宜使用长刃剪刀。在剪裁时先依直尺画出印痕,再沿印痕将壁纸墙布剪断。

b.活动剪纸刀。刀片可伸缩,并且多节,用钝后可截去,携带方便,使用安全,如图4.13所示。

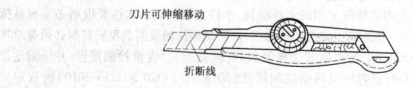

刀片可伸缩移动

折断线

图4.13　活动剪纸刀

c.轮刀。分齿形轮刀与刃形轮刀两种。使用齿形轮刀可在壁纸上滚压出连串小孔,即能沿孔线很容易地均匀撕断;刃形轮刀通过滚压直接断开壁纸,对于质地较脆的壁纸墙布裁割最为适宜。

③刷涂工具。用于涂刷胶黏剂的刷具,其刷毛可是天然纤维或合成纤维(后者较易于用毕清洗),宽度通常为15~20 cm;较适宜的还有排笔。另有专用墙纸刷,在裱糊操作中将壁纸墙布与基面抹实、粘牢、压平,其刷毛有长短之分,短刷毛适宜刷压重型塑料壁纸,而长刷毛适宜刷抹敷平金属箔等较脆弱型壁纸。

④刮涂工具。

a.刮板。刮板主要用于刮、抹压等工序。刮板可以用富有弹性的钢片制成,厚度为1~1.5 mm,形状如图4.14所示,也可以用有机玻璃或硬塑料板,切成梯形,尺寸可视操作方便而定,通常下边宽度10 cm左右。刮板在裱贴时,用得很频繁,基本上不离手,除了上面提到的作用之外,有时也当作直尺,进行小面积的裁割。

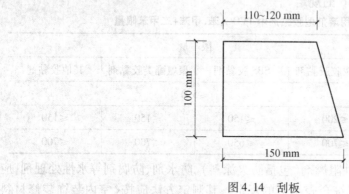

110~120 mm

100 mm

150 mm

图4.14　刮板

b.油灰铲刀。可以用于修补基层表面裂缝、孔洞及剥除旧裱糊面上的壁纸墙布等。

c.直尺。直尺可用红白松木制成,比较好的是铝合金直尺。它具有重量轻、强度高、不易变形及不易破损等优点。目前大家所使用的铝合金直尺,实际上就是一个小断面的薄壁方管,也有的使用铝合金窗料。尺的长度可短可长,视操作方便即可,长度多为60 cm左右。

⑤滚压工具。主要是辊筒,它在裱糊工艺中主要有三种作用:一是使用绒毛辊筒以滚涂胶黏剂、底胶或壁纸保护剂;二是采用橡胶辊筒以滚压铺平壁纸墙布;三是使用小型橡胶轧辊或木质轧辊,通滚压而迅速压平壁纸墙布的边缘和接缝部位,滚压时在胶黏剂开始变干但是尚未干燥时做短距离快速滚压,十分适宜于较重型壁纸墙布的拼缝压平。

对于发泡型、绒絮面或较为质脆的裱糊饰面材料,宜采用海绵块来取代辊筒和轧辊类滚压工具,防止裱糊饰面的滚压损伤。

⑥其他工具。主要有抹灰及基层处理机具。弹线工具,水平尺及各种钢尺、量尺、铝合金直尺,托线板,砂纸机,裁纸工作台,及浸泡壁纸用的水槽等。

(4)施工工序。

①施工程序。施工程序如图 4.15 所示。

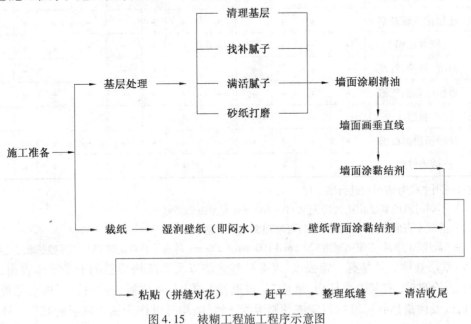

图 4.15　裱糊工程施工程序示意图

②裱糊工序。裱糊工程必须严格按照操作工序施工,以保证裱糊质量,壁纸、墙布裱糊施工主要工序见表4.8。

表 4.8　裱糊的主要工序

项次	工序名称	抹灰面混凝土				石膏板面				木料面			
		复合壁纸	PVC壁纸	墙布	带背胶壁纸	复合壁纸	PVC壁纸	墙布	带背胶壁纸	复合壁纸	PVC壁纸	墙布	带背胶壁纸
1	清扫基层、填补缝隙,磨砂纸	+	+	+	+	+	+	+	+	+	+	+	+
2	接缝处粘纱布条					+	+	+	+	+	+	+	+
3	找补腻子、磨砂纸				+				+				+
4	满刮腻子、磨平	+	+	+	+								
5	涂刷涂料一遍									+	+	+	+
6	涂刷底胶一遍	+	+	+	+	+	+	+	+	+	+	+	+
7	墙面画准线	+	+	+	+	+	+	+	+	+	+	+	+
8	壁纸浸水润湿		+		+		+		+		+		+

续表4.8

项次	工序名称	抹灰面混凝土				石膏板面				木料面			
		复合壁纸	PVC壁纸	墙布	带背胶壁纸	复合壁纸	PVC壁纸	墙布	带背胶壁纸	复合壁纸	PVC壁纸	墙布	带背胶壁纸
9	壁纸涂刷胶黏剂	+				+			+				
10	基层涂刷胶黏剂	+	+	+		+	+	+		+	+	+	
11	壁纸裱糊	+	+	+	+	+	+	+	+	+	+	+	+
12	拼缝、拼接、对花	+	+	+	+	+	+	+	+	+	+	+	+
13	赶压胶黏剂气泡	+	+	+	+	+	+	+	+	+	+	+	+
14	裁边		+				+				+		
15	抹净挤出的胶液	+	+	+	+	+	+	+	+	+	+	+	+
16	清理修整	+	+	+	+	+	+	+	+	+	+	+	+

注:1. 表中"+"号表示应进行的工序。

2. 不同材料的基层相接处应先贴60～100 mm宽壁纸条或纱布。

3. 混凝土表面和抹灰表面必要时可增加满刮腻子遍数。

4. "裁边"工序,只在使用宽为920 mm、1 000 mm、1 100 mm等需重叠对花的PVC压延型壁纸时应用。

(5)基层处理。凡是有一定强度、表面平整光洁以及不疏松掉粉的干净基体表面,如水泥砂浆、混合砂浆、石灰砂浆抹面,纸筋灰、玻璃丝灰罩面,木质板、石膏板、石棉水泥板等预制板材,以及质量达到标准的现浇或预制混凝土墙体,均可以作为襄糊墙纸的基层。原则上说,基层表面都应垂直方正,平整度符合规定,至少凸出阳角的垂直度和上下成直线的凹凸度应不大于高级抹灰的允许偏差,也就是2 m直尺检查不超出2 mm,否则将影响到裱糊面的外观质量。

①混凝土及抹灰基层处理。若在混凝土面、抹灰面(水泥砂浆、水泥混合砂浆以及石灰砂浆等)基层上裱糊墙纸,应满刮腻子一遍并磨砂纸。如基层表面有气孔、麻点以及凸凹不平时,应增加满刮腻子和磨砂纸的遍数。刮腻子之前,须将混凝土或者抹灰面清扫干净。刮腻子时要用刮板有规律地操作,一板接一板,两板中间再顺一板,要衔接严密,不得有明显接槎及凸痕。宜做到凸处薄刮,凹处厚刮,大面积找平。腻子干后打磨砂纸、扫净。需要增加满刮腻子遍数的基层表面,应先把表面的裂缝及坑洼部分刮平,然后打磨砂纸扫净,再满刮腻子和打扫干净。尤其是阴阳角、窗台下、暖气包、管道后及踢脚板连接处等局部,需认真检查修整。

②木质基层处理。木基层要求接缝不显接槎,接缝及钉眼应用腻子补平并满刮油性腻子一遍(第一遍),以砂纸磨平。木夹板的不平整主要是钉接造成的,在钉接处木夹板往往下凹,非钉接处向外凸。因此,第一遍满刮腻子主要是找平大面。第二遍可用石膏腻子找平,腻子的厚度应减薄,可在该腻子五六成干时,用塑料刮板有规律地压光,最后用干净的抹布轻轻把表面灰粒擦净。

对要贴金属壁纸的木基面处理,当第二遍腻子时应采用石膏粉调配猪血料的腻子,其配比为10∶3(质量比)。金属壁纸对基面的平整度要求很高,稍有不平处或者粉尘,均会在金属壁纸裱贴后明显地看出。因此金属壁纸的木基面处理,应与木家具打底方法基本相同,批抹腻子的遍数要求在三遍以上。批抹最后一遍腻子并打平之后,用软布擦净。

③石膏板基层处理。纸面石膏板较为平整,批抹腻子主要是在对缝处和螺钉孔位处。对缝批抹腻子后,还需用棉纸带贴缝,以避免对缝处的开裂。在纸面石膏板上,应用腻子满刮一遍,找平大面,再用第二遍腻子进行修整。

④旧墙基层处理。旧墙基层裱糊墙纸,对凹凸不平的墙面要修补平整,然后清理旧有的浮松油污、砂浆粗粒等。对修补过的接缝及麻点等,应用腻子分 1~2 次刮平,再根据墙面平整光滑的程度决定是否再满刮腻子。对于泛碱部位,宜用 9% 稀醋酸中和、清洗。表面有油污的,可以利用碱水(1∶10)刷洗。对于脱灰及孔洞处,须用聚合物水泥砂浆修补。对于附着牢固、表面平整的旧溶剂型涂料墙面,应进行打毛处理。

(6)裱贴前的准备工作。

①涂刷底漆和底胶。为了避免壁纸受潮脱胶,一般对要裱糊塑料壁纸、壁布、纸基塑料壁纸、金属壁纸的墙面,涂刷防潮底漆。防潮底漆以酚醛清漆与汽油或松节油来调配,其配比为清漆∶汽油(或松节油)= 1∶3。该底漆可以涂刷,也可以喷刷,漆液不宜厚,且要均匀一致。

涂刷底胶是为了增加黏结力,避免处理好的基层受潮弄污。底胶一般用 108 胶配少许甲醛纤维素加水调成,其配比为 108 胶∶水∶甲醛纤维素 = 10∶10∶0.2。底胶可以涂刷,也可以喷刷。在涂刷防潮底漆和底胶时,室内应没有灰尘,防止灰尘和杂物混入该底漆或底胶中。底胶通常是一遍成活,但不能漏刷、漏喷。

若面层贴波音软片,基层处理最后要做到硬、干、光。在做完一般基层处理后,还需增加打磨和刷二遍清漆。

②弹线。在底胶干燥后弹画出水平、垂直线,作为操作时的依据,以确保壁纸裱糊后,横平竖直,图案端正。

a. 弹垂线。有门窗的房间以立边分划为宜,便于摺角贴立边,如图 4.16 所示。对于无门窗口的墙面,可挑一个近窗台的角落,在距壁纸幅宽小 5 cm 处弹垂线。若窗口不在墙面中间,为确保窗间墙的阳角花饰对称,则宜在窗间墙弹中心线,由中心线向两侧再分格弹垂线;若壁纸的花纹在裱糊时要考虑拼贴对花,使其对称,则宜在窗口弹出中心控制线,再往两边分线。

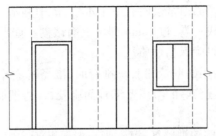

图 4.16　门窗洞口画线

弹垂线应越细越好。方法是在墙上部钉小钉,挂铅垂线,将垂线位置确定后,再用粉线包弹出基准垂直线。每个墙面的第一条垂线应是定在距墙角小于壁纸幅宽 50~80 mm 处。

b. 水平线。壁纸的上面应以挂镜线为准,没有挂镜线时,应弹水平线控制水平。

③裁纸。依据墙面弹线找规矩的实际尺寸，统筹规划裁割墙纸，对准备上墙的墙纸，最好能够按顺序编号，以便依顺序粘贴上墙。

裁割墙纸时，注意墙面上下要预留尺寸，通常是墙顶墙脚两端各多留 50 mm 以备修剪。当墙纸有花纹图案时，要预先考虑完工后的花纹图案效果和其光泽特征，不可随意裁割，应实现对接无误。同时，应根据墙纸花纹图案及纸边情况确定采用对口拼缝或搭口裁割拼缝的具体拼接方法。裁纸下刀前，还需认真复核尺寸有无出入，尺子压紧墙纸之后不得再移动，刀刃贴紧尺边，一气裁成，中间不宜停顿或者变换持刀角度，手劲要均匀。

④润纸。塑料壁纸遇水或者胶水，开始自由膨胀，约 5 ~ 10 min 胀足，干后会自行收缩。自由胀缩的壁纸，其幅宽方向的膨胀率为 0.5% ~ 1.2%，收缩率为 0.2% ~ 6.8%。以幅宽 500 mm 的壁纸为例，其幅宽方向遇水膨胀 2 ~ 6 mm，干后收缩 1 ~ 4 mm。所以，刷胶前必须先把塑料壁纸在水槽中浸泡 2 ~ 3 min 取出后抖掉余水，静置 20 min，如果有明水可用毛巾擦掉，然后才能涂胶。闷水的办法还可以用排笔在纸背刷水，刷满均匀，保持 10 min 也可达到使其充分膨胀的目的。若干纸涂胶，或者未能让纸充分胀开就涂胶，壁纸上墙者后，纸虽被固定，但会吸湿膨胀，这样贴上墙的壁纸会出现大量的气泡、皱折（或者边贴边胀产生皱褶），不能成活。

玻璃纤维基材的壁纸，遇水无伸缩性，无须润纸。

复合纸质壁纸因为湿强度较差，禁止闷水润纸。为了达到软化壁纸的目的，可在壁纸背面均匀刷胶后，把胶面对胶面对叠，放置 4 ~ 8 min 然后上墙。

纺织纤维壁纸也不宜闷水，裱贴之前只需用湿布在纸背面稍抹一下即可达到润纸的目的。

对于待裱贴的壁纸，如果不了解其遇水膨胀的情况，可以取其一小条试贴，隔日观察接缝效果及纵、横向收缩情况，然后大面积粘贴。

⑤刷涂胶黏剂。对没有底胶的墙纸，在其背面先刷一道胶黏剂，要求厚薄均匀。同时在墙面也同样均匀地涂刷一道胶黏剂，涂刷的宽度要比墙纸宽约 2 ~ 3 cm。胶黏剂不宜刷得过多、过厚或者起堆，避免裱贴时胶液溢出边部而污染墙纸；也不可刷得过少，避免漏刷，以防止起泡、离壳或墙纸粘贴不牢。所用胶黏剂要集中调制，并利用 400 孔/cm^2 筛子过滤，除去胶料中的块粒及杂物。调制后的胶液，应于当日用完。墙纸背面均匀刷胶后，可把其重叠成 S 状静置，正、背面分别相靠。这样放置可防止胶液干得过快，不污染墙纸并便于上墙裱贴。

对于有背胶的墙纸，其产品通常会附有一个水槽，槽中盛水，将裁割好的墙纸浸入其中，由底部开始，图案面向外卷成一卷，过 2 min 即可上墙裱糊。如果有必要，也可在其背胶面刷涂一道均匀稀薄的胶黏剂，以确保粘贴质量。

金属壁纸的胶液应是专用的壁纸粉胶。刷胶时，准备一卷未开封的发泡壁纸或者长度大于壁纸宽的圆筒，一边在裁剪好的金属壁纸背面刷胶，一边把刷过胶的部分向上卷在发泡壁纸卷上。

（7）顶棚裱贴壁纸。顶棚裱糊墙纸，第一张一般要贴近主窗，方向与墙壁平行。长度过短时，则可与窗户成直角粘贴。裱糊前先在顶棚和墙壁交接处弹上一道粉线，把已刷好胶并折叠好的墙纸用木柄撑起，展开顶褶部分，边缘靠齐粉线，先敷平一段，然后再沿着粉线敷平其他部分，直到整段墙纸贴好为止（图 4.17）。多余部分，剪齐修整。

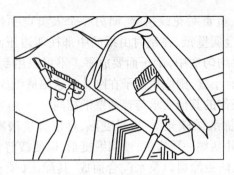

图 4.17　裱糊顶棚

（8）墙面裱贴壁纸。裱贴壁纸时，首先要垂直，之后对花纹拼缝，再通过刮板用力抹压平整。原则是先垂直面后水平面，先细部后大面。贴垂直面时要先上后下，而贴水平面时先高后低。

裱贴时剪刀与长刷可放在围裙袋中或手边。先将上过胶的壁纸下半截向上折一半，握住顶端的两角，在四脚梯或凳上站稳后，将上半截展开，凑近墙壁，使边缘靠着垂线成一直线，轻轻压平，由中间向外用刷子敷平上半截，在壁纸顶端做出记号，然后用剪刀修齐或用壁纸刀将多余的壁纸割去。再按照上法同样处理下半截，修齐踢脚板与墙壁间的角落。用海绵擦掉沾在踢脚板上的胶糊。壁纸贴平后，3~5 h 内，在其微干状态时，借助小滚轮（中间微起拱）均匀用力滚压接缝处，这样做比传统的有机玻璃片抹刮能够有效地减少对壁纸的损坏。

裱糊壁纸时，阴阳角应搭接，不可拼缝。壁纸绕过墙角的宽度不大于 12 mm。阴角壁纸搭缝应先裱压在里面转角的壁纸，再贴非转角的壁纸。搭接面应依据阴角垂直度而定，一般搭接宽度不小于 2~3 mm，并要保持垂直无毛边，如图 4.18 所示。

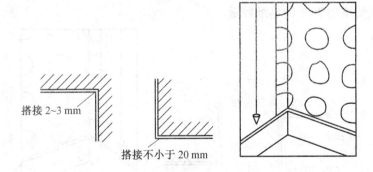

搭接 2~3 mm

搭接不小于 20 mm

图 4.18　阴阳角搭接贴纸示意

裱糊前，应尽可能卸下墙上电灯等开关，首先要将电源切断，用火柴棒或细木棒插入螺钉孔内，以便在裱糊时识别，以及在裱糊后切割留位。不易拆下的配件，不可在壁纸上剪口再裱上去。操作时，把壁纸轻轻糊在电灯开关上面，并将中心点找出，从中心开始切割十字，一直切到墙体边。然后用手按出开关体的轮廓位置，慢慢将多余的壁纸拉起，剪去不需的部分，再用橡胶刮子刮平，并擦去刮出的胶液。

（9）金属壁纸裱贴。金属壁纸的收缩量很少，在裱贴时可采用对缝裱，也可以用搭缝裱。金属壁纸对缝时，均有对花纹拼缝的要求。裱贴时，先由顶面开始对花纹拼缝，操作需要两个人同时配合,一个人负责对花纹拼缝,而另一个人负责手托金属壁纸卷,逐渐放展。一边对缝一边用橡胶刮平金属壁纸,在刮时由纸的中部往两边压刮。使胶液向两边滑动而粘贴均匀,在刮平时用力要均匀适中,刮子面要放平。不可以用刮子的尖端来刮金属壁纸,避免刮伤纸面。若两幅间有小缝,则应用刮子在刚粘的这幅壁纸面上,向先粘好的壁纸这边刮,直至无缝为止。裱贴操作的其他要求与普通壁纸相同。

(10)锦缎裱贴。因为锦缎柔软光滑,极易变形,难以直接裱糊在木质基层面上。裱糊时,应先在锦缎背后上浆,并裱糊一层宣纸,使锦缎挺括,以便裁剪和裱贴上墙。

上浆用的浆液由面粉、防虫涂料以及水配合而成,其配比(质量比)为5∶40∶20,调配成稀而薄的浆液。上浆时,将锦缎正面平铺在大而干的桌面上或平滑的大木夹板上,并在两边压紧锦缎,用排刷沾上浆液从中间开始向两边刷,使浆液均匀地涂刷在锦缎背面,注意浆液不要过多,以打湿背面为准。

在另一张大平面桌子(桌面一定要光滑)上平铺一张幅宽大于锦缎幅宽的宣纸,并用水将宣纸打湿,使纸平贴在桌面上。用水量要适当,以刚好打湿为宜。

从桌面上把上好浆液的锦缎抬起来,将有浆液的一面向下,把锦缎粘贴在打湿的宣纸上,并用塑料刮片从锦缎的中间开始向四边刮压,以便于使锦缎与宣纸粘贴均匀。待打湿的宣纸干后,便可从桌面取下,这时,锦缎和宣纸就贴合在一起。

锦缎裱贴前要根据其幅宽及花纹认真裁剪,并将每个裁剪完的开片编号,裱贴时,对号进行,裱贴的方法与金属纸相同。

(11)斜式裱贴。斜式裱糊墙纸的方法基本与水平式相同,只是需要一条斜线作为导线。先在一面墙两个墙角间的中心墙顶处标明一点,由此点向下在墙面上弹一条垂直的粉线。从这条线的底部沿着墙底,测出同墙高相等的距离。由这一点再和墙顶中心点间弹出另一条粉线,这条线就是一条确实的斜线(图4.19)。斜式裱糊墙纸具有独特的装饰效果,但较浪费材料,大约要增加25%的墙纸数量。

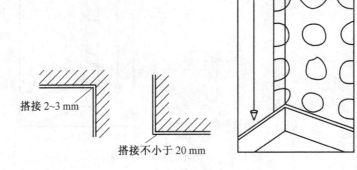

搭接 2~3 mm

搭接不小于 20 mm

图4.19　斜式裱贴

(12)清理和修理。墙纸上墙后,如果发现局部不符合质量要求,应及时采取补救措施。如纸面出现皱纹死褶时,应趁墙纸未干,用湿毛巾轻拭纸面,使之润湿,以手慢慢将墙纸舒平,待无皱折时,再用橡胶滚或者胶皮刮板赶压平整。如墙纸已干结,则要将纸撕下,将基层清理干净后再重新裱糊。

第47讲　软包工程施工

（1）软包工程施工材料要求。

①软包面料、内衬材料及边框材、颜色、图案以及燃烧性能等级和木材的含水率应符合设计要求及国家现行标准的有关规定。检查产品合格证书、进场验收记录以及性能检测报告。

②民用建筑工程所使用的无机非金属装修材料，包括石材、建筑卫生陶瓷、石膏板、吊顶材料、无机瓷质黏结材料等，进行分类时，其放射性指标限量应符合表4.9的规定。

表4.9　无机非金属装修材料放射性指标限量

测定项目	限　量	
	A	B
内照射指数（I_{Ra}）	≤1.0	≤1.3
外照射指数（I_γ）	≤1.3	≤1.9

③民用建筑工程室内用人造木板及饰面人造木板必须测定游离甲醛含量或游离甲醛释放量。

④当采用环境测试舱法测定游离甲醛释放量，并依此对人造木板进行分级时，其限量应符合表4.10的规定。

表4.10　环境测试舱法测定游离甲醛释放量限量

类别	限量/（mg・m⁻³）
E_1	≤0.12

⑤当采用穿孔法测定游离甲醛含量，并依此对人造木板进行分级时，其限量应符合现行国家标准《室内装饰装修材料　人造板及其制品中甲醛释放限量》（GB 18580—2001）的规定。

⑥当采用干燥法测定游离甲醛释放量，并依此对人造木板进行分类时，其限量应符合表4.11的规定。

表4.11　干燥器法测定游离甲醛释放量分类限量

类别	限量/（mg・L⁻¹）	类别	限量/（mg・L⁻¹）
E_1	≤1.5	E_2	≤5.0

⑦饰面材料的样板应经业主、设计等有关人员的确认，并且办理确认手续。

（2）软包工程施工作业条件。

①结构工程已完工，并且通过验收。

②室内已弹好+50 cm水平线及室内顶棚标高已确定。

③墙内的电器管线和设备底座等隐蔽物件已安装好，并通过检验。

④室内消防喷淋、空调冷冻水等系统已安装好，并且通过打压试验合格。

⑤室内的抹灰工程已经完成。

（3）基层处理。人造革软包要求基层牢固，构造合理。若将它直接装设于建筑墙体及柱体表面，为避免墙体柱体的潮气使其基面板底翘曲变形而影响到装饰质量，要求基层做抹灰和防潮处理。通常做法是：采用1∶3的水泥砂浆抹灰做到20 mm厚，然后刷涂冷底子油一道并做一毡二油防潮层。

（4）施工工艺要求。

①直接在木基层上做软包墙面。

a.制作木基层。

ⅰ.弹线、预制木龙骨架。用吊垂线法、拉水平线及尺量的办法,通过+50 cm 水平线,确定软包墙的厚度、高度及打眼位置等(用 25 mm×30 mm 的方木,按照 300 mm 或 400 mm 见方的分档),采用凹槽榫工艺,制作成木龙骨框架。木龙骨架的大小,可以根据实际情况加工成一片或几片拼装到墙上。做成的木龙骨架应刷涂防火漆。

ⅱ.钻孔、打入木楔。孔眼位置在墙上弹线的交叉点,孔深 60 mm,孔距 600 mm 左右,用 φ6～φ20 冲击钻头钻孔。木楔经防腐处理之后,打入孔中,塞实塞牢。

ⅲ.防潮层。在抹灰墙面涂刷冷底子油或在砌体墙面、混凝土墙面铺沥青油毡或者油纸做防潮层。涂刷冷底子油要满涂、刷匀,不漏涂;铺油毡、油纸,要满铺,铺平且不留缝。

ⅳ.装钉木龙骨。把预制好的木龙骨架靠墙直立,用水准尺找平、找垂直,用铁钉钉在木楔上,边钉边找平,找垂直。凹陷比较大处应用木楔垫平钉牢。

ⅴ.铺钉胶合板。木龙骨架同胶合板接触的一面应刨光,使铺钉的三合板平整。用气钉枪将三合板钉在木龙骨上。钉固时从板中向两边固定,接缝应在木龙骨上并且钉头设入板内,使其牢固、平整。三合板在铺钉之前,应先在其板背涂刷防火涂料,涂满、涂匀。

b.制作软包面层。

ⅰ.在木基层上铺钉九厘板。按照设计图在木基层上画出墙、柱面上软包的外框及造型尺寸线,并按照此尺寸线锯割九厘板拼装到木基层上,九厘板围出来的部分为准备做软包的部分。钉装造型九厘板的方法与钉三合板一样。

ⅱ.按九厘板围出的软包的尺寸,将所需的泡沫塑料块裁出,并用建筑胶粘贴于围出的部分。

ⅲ.由上往下用织锦缎包覆泡沫塑料块。先裁剪织锦缎和压角木线,木线长度尺寸按照软包边框裁制,在 90°角处按 45°割角对缝,织锦缎应比泡沫塑料块周边宽为 50～80 mm。将裁好的织锦缎连同作保护层用的塑料薄膜覆盖在泡沫塑料上,以压角木线压住织锦缎的上边缘,展平、展顺织锦缎以后,以气枪钉钉牢木线。然后拉将展平织锦缎钉织锦缎下边缘木线。用同样的方法钉左右两边的木线。要将压角木线压紧、钉牢,织锦缎面应展平不起皱。最后用刀沿木线的外缘(与九厘板接缝处)将多余的织锦缎与塑料薄膜裁下。

②预制软包块拼装软包墙面。预制软包块是按照设计图先制作好一块块的软包块,然后拼装到木基层墙的指定位置。其所用材料主要有:九厘板、泡沫塑料块或者矿渣棉块、织物。软包预制块示意如图 4.20 所示。

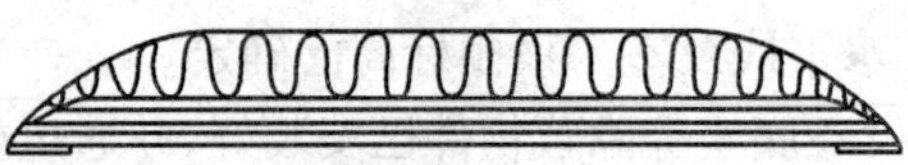

图 4.20　软包预制块示意

木基层的做法与在木基层上直接做软包相同。

a.制作软包块。

ⅰ.按软包分块尺寸裁九厘板,并把四条边用刨刨出斜面,刨平。

ⅱ.以规格尺寸大于九厘板 50～80 mm 的织物面料和泡沫塑料块放在九厘板上将织物面料和泡沫塑料沿九厘板斜边卷到板背,在展平顺之后用钉固定。定好一边,再展平铺顺拉紧织物面料,把其余三边都卷到板背固定,为使织物面料经纬线有顺,固定时宜用码钉枪打码钉,码钉间距不大于 30 mm,备用。

b.安装软包预制块。

ⅰ.在木基层上按设计图画线,标明软包预制块和装饰木线(板)的位置。

ⅱ.将软包预制块以塑料薄膜包好(成品保护用),镶钉在墙、柱面做软包的位置。用气枪钉钉牢。每钉一颗钉用手抚一抚织物面料,使软包面既没有凹陷、起皱现象,又没有钉头挡手的感觉。连续铺钉的软包块,接缝要紧密,下凹的缝应宽窄均匀一致并且顺直(塑料薄膜待工程交工时撕掉)。

c.镶钉装饰木线及饰面板。在墙面软包部分的四周均有木压线条、盖缝条及饰面板等装饰处理,这一部分的材料可以先于装软包预制块做好,也可以在软包预制块上墙后制作。

③五合板外包人造革或织锦缎做法。

a.把 450 mm 见方的五合板板边用刨刨平,沿一个方向的两条边刨出斜面。

b.用刨斜边的两边压入人造革或者织锦缎,压长 20～30 mm,用铁钉钉于木墙筋上。钉头没入板内。另两侧不压织物钉在墙筋上。

c.把织锦缎或者人造革拉紧,使其平伏在五合板上,边缘织物贴于下一条墙筋上 20～30 mm,再以下一块斜边板压紧织物及该板上包的织物,一起钉入木墙筋,另一侧不压织物钉牢。通过这种方法安装完整个墙面。

④人造革或织锦缎包矿渣棉的做法。

a.于木墙筋上钉五合板,钉头没入板中,板的接缝在墙筋上。

b.利用规格尺寸大于纵横向墙筋中距 50～80 mm 的卷材(人造革及织锦缎等)包矿渣棉于墙筋上,铺钉方法基本与"五合板外包人造革或织锦缎做法"相同,铺钉后表面看不见钉口。钉口均为暗钉口。

c.在暗钉钉完后,再以电化铝帽头钉钉于每一卷材分块的四角。

(5)施工工艺要点。

①选用软包材料(软包芯材及面料)的品种、颜色、图案、材质以及规格应符合设计要求和产品质量标准的规定;同一房间的软包面料,应一次进足同批号货,以防有色差。所用的软包材料(软包芯材及面料)应符合国家高级建筑装饰防火规范的规定要求。

②木龙骨、木基层的构造满足设计要求,且应钉粘结实,牢固平整,不松动。

③墙面软包制作尺寸正确、棱角方正、填充饱满、松紧适度、手感舒适以及表面平整无波纹起伏。

④接缝顺直,不起皱、不翘边,同装饰木线衔接紧密,不露缝隙。

⑤表面清洁无污染,拼花花纹图案吻合,无飞刺、布毛,无钉头挡手,紧贴墙面。

⑥当软包面料采用大的网格型或者大花型时,使用时在其房间的对应部位应注意对格对花,确保软包装饰效果。

⑦清漆涂饰的木制边框,其颜色、木纹应协调一致,边框应顺直、平整、接缝吻合,其涂刷质量应符合有关规定。

⑧软包在施工中不应受污染,完成之后应做好产品保护。

4.3　隔墙、隔断工程

第48讲　木龙骨隔断墙的施工

（1）施工准备。

①作业条件准备。

a. 木龙骨板材隔断工程所用的材料规格、品种、颜色以及隔断的构造、固定方法，均应符合设计要求。

b. 隔断的龙骨和罩面板必须完好，不得有损坏、变形弯折、翘曲以及边角缺损等现象；并要注意被碰撞和受潮情况。

c. 电气配件的安装，应嵌装牢固，表面应同罩面板的底面齐平。

d. 门窗框和隔断相接处应满足设计要求。

e. 隔断的下端如用木踢脚板覆盖，隔断的罩面板下端应与地面距离为 20~30 mm；如用大理石、水磨石踢脚时，罩面板下端应同踢脚板上口齐平，接缝要严密。

木龙骨的安装应符合下列几个规定：

a. 木龙骨的横截面积及纵、横向间距应满足设计要求。

b. 骨架横、竖龙骨宜采用开半榫、加胶以及加钉连接。

c. 安装饰面板之前应对龙骨进行防火处理。

②机具设备。小电锯、小台刨、手电钻、电动气泵、扫槽刨、冲击钻木刨、线刨、锯、斧、锤、螺钉刀、摇钻以及直钉枪等。

（2）施工步骤。

清理基层地面→弹线、找规矩→在地面用砖、水泥砂浆做地枕带（又称踢脚座）→弹线，返线至顶棚及主体结构墙上→立边框墙筋→安装沿地、沿顶木楞→立隔断立龙骨→钉横龙骨→封罩面板，预留插座位置并设加强垫木→罩面板处理。

（3）施工要点。木龙骨架应使用规格是 40 mm×70 mm 的红、白松木。立龙骨的间距通常为 450~600 mm。

安装沿地、沿顶木楞时，应将木楞两端伸入砖墙内至少 120 mm，以确保隔断墙与原结构墙连接牢固。

第49讲　玻璃砖分隔墙施工

（1）施工准备。

①材料准备。

a. 轻金属型材或镀锌钢型材，其尺寸是空心玻璃砖厚度加滑动缝隙，型材深度至少应为 50 mm，被用于玻璃砖墙边条重叠部分的胀缝。

b. 混凝土用钢筋，4~6 mm。

c. 镀锌钢螺栓，至少 7 mm，还有销子。

d. 砌筑用灰浆。

e. 硬质泡沫塑料；至少 10 mm 厚，不吸水，被用于构成胀缝。

f. 沥青纸,用于构成滑缝。

g. 硅树脂,是中性透明隔热材料。

h. 塑料卡子,6 ~ 10 mm。

②工具准备。电钻、水平尺、木榔头或橡胶榔头、砌筑以及勾缝工具等。

(2)施工步骤。清理基层→钉木龙骨架→钉衬板→固定玻璃。

(3)施工要点。

①玻璃砖应砌筑在配有两根 44 ~ 6 mm 钢筋增强的基础上。基础高度不应超过 150 mm,宽度应大于玻璃砖厚度 20 mm,如图 4.21 所示。

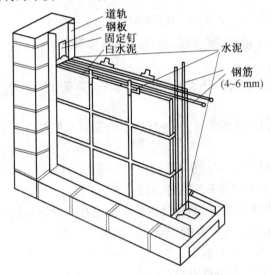

图 4.21　玻璃砖隔断施工构造图

②玻璃砖分隔墙顶部及两端应用金属型材,其槽口宽度应大于砖厚度 10 ~ 18 mm。当隔断长度或高度超过 1 500 mm 时,在垂直方向每两层设置一根钢筋(当长度、高度均超过 1 500 mm 时,设置两根钢筋);在水平方向每隔三个垂直缝设一根钢筋。

③钢筋伸入槽口不小于 35 mm。用钢筋增强的玻璃砖隔断高度不得大于 4 m。

④玻璃分隔墙两端和金属型材两翼应留有宽度不小于 4 mm 的滑缝,缝内用油毡填充;玻璃分隔板和型材腹面应留有宽度不小于 10 mm 的胀缝,防止玻璃砖分隔墙损坏。

⑤玻璃砖最上面一层砖应伸入顶部金属型材槽口 10 ~ 25 mm,以免玻璃砖由于受刚性挤压而破碎。玻璃砖之间的接缝不得小于 10 mm,并且不大于 30 mm。应用弹性密封胶将玻璃砖与型材、型材与建筑物的结合部密封。

第 50 讲　镜面玻璃墙面施工

镜面玻璃墙面的构造:在墙体上设置防潮层→按玻璃面板尺寸钉立木筋框格→钉胶合板或纤维板衬板(油毡一层)→固定玻璃面板。镜面玻璃墙面施工构造图如图 4.22 所示。

(1)施工准备。

①材料准备。

a. 镜面材料。如普通平镜、带凹凸线脚或者花饰的单块特制镜,有时为了美观及减少玻璃镜的安装损耗,加工时可将玻璃的四周边缘磨圆。

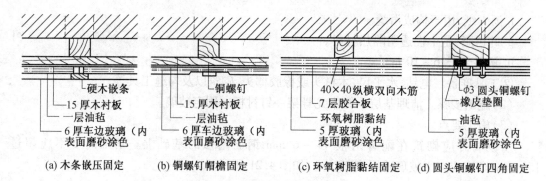

(a) 木条嵌压固定　　(b) 铜螺钉帽檐固定　　(c) 环氧树脂黏结固定　　(d) 圆头铜螺钉四角固定

图 4.22　镜面玻璃墙面施工构造图

b. 衬底材料。包括木墙筋、胶合板、沥青以及油毡等,也可选用一些特制的橡胶、塑料、纤维类的衬底垫块。

c. 固定用材料。螺钉、铁钉、环氧树脂胶、玻璃胶、盖条(木材、铜条、铝合金型材等)、橡皮垫圈。

②工具准备。玻璃刀、玻璃吸盘、托板尺、水平尺、玻璃胶筒及固钉工具,如锤子、螺钉刀等。

(2)施工步骤。基层处理→立筋→铺钉衬板→镜面切割→镜面钻孔→镜面固定。

(3)施工要点。玻璃固定有下列几种方法。

①在玻璃上钻孔,用镀铬螺钉、铜螺钉将玻璃固定在木骨架和衬板上。

②用硬木、塑料以及金属等材料的压条压住玻璃。

③用环氧树脂将玻璃粘在衬板上。

镜面玻璃安装有下列几个注意事项:

①镜面玻璃厚度应为 5 ~ 8 mm。

②安装时严禁锤击及撬动,不合适时取下重新安装。

③玻璃墙饰面,宜选用普通平板镜面玻璃或茶色、蓝色以及灰色的镀膜镜面玻璃作为墙面,装饰效果较好,也可和金属墙面配合使用,不宜用于易碰撞部位。

第5章　楼地面工程施工细部做法

5.1　水泥制品楼地面层施工

第51讲　水泥砂浆面层

(1)施工工艺流程:基层处理→弹线、做标筋→面层铺设养护。

(2)施工要点。

①基层处理。水泥砂浆面层多是铺抹在楼面、地面的混凝土、水泥炉渣以及碎砖三合土等垫层上,垫层处理是防止水泥砂浆面层空鼓、裂纹、起砂等质量通病的关键工序。

a.垫层上的一切浮灰、油渍以及杂质,必须仔细清除,否则形成一层隔离层,会使面层结合不牢。

b.表面较滑的基层,应进行凿毛,并以清水冲洗干净,冲洗后的基层,最好不要上人。

c.宜在垫层或找平层的砂浆或混凝土的抗压强度达到1.2 MPa之后,再铺设面层砂浆,这样才不致破坏其内部结构。

d.铺设地面前,还要再一次将门框校核找正,方法为先将门框锯口线抄平校正,并注意当地面面层铺设后,门扇和地面的间隙应满足规定要求。然后将门框固定,防止构件位移。

在现浇混凝土或者水泥砂浆垫层、找平层上做水泥砂浆地面面层时,其抗压强度达1.2 MPa之后,才能铺设面层。这样做不致破坏其内部结构。

②弹线、做标筋。

a.地面抹灰前,应先于四周墙上弹出一道水平基准线,作为确定水泥砂浆面层标高的依据。水平基准线是以地面±0.00及楼层砌墙前的抄平点为依据,通常可根据情况弹在标高100 cm的墙上。

b.根据水平基准线再将楼地面面层上皮的水平辅助基准线弹出。面积不大的房间,可根据水平基准线直接用长木杠抹标筋,施工中进行几次复尺即可。面积比较大的房间,应根据水平基准线在四周墙角处每隔1.5~2.0 m用1∶2水泥砂浆抹标志块,标志块大小通常是8~10 cm见方。待标志块结硬后,再以标志块的高度做出纵横方向通长的标筋以控制面层的厚度。地面标筋用1∶2水泥砂浆,宽度通常为8~10 cm。做标筋时,要注意控制面层厚度,面层的厚度应同门框的锯口线吻合。

c.对于厨房、浴室以及卫生间等房间的地面,须将流水坡度找好。有地漏的房间,要在地漏四周找出不小于5%的泛水。且要注意各室内地面和走廊高度的关系。

③面层铺设。

a.水泥砂浆应使用机械搅拌,拌和要均匀,颜色一致,并且搅拌时间不应小于2 min。水泥砂浆的稠度(以标准圆锥体沉入度计,以下同):当在炉渣垫层上铺设时,宜为25~35 mm;当在水泥混凝土垫层上铺设时,应使用干硬性水泥砂浆,以手捏成团稍出浆为准。

b. 施工时,先刷水灰比为 0.4~0.5 的水泥浆,随刷随铺随拍实,并且应在水泥初凝前用木抹搓平压实。

c. 面层压光宜用钢皮抹子分三遍完成,并且逐遍加大用力压光。当采用地面抹光机压光时,在压第二、第三遍时,水泥砂浆的干硬度要比手工压光时稍干一些。压光工作应在水泥终凝前完成。

d. 当水泥砂浆面层干湿度不适宜时,可以采取淋水或撒布干拌的 1∶1 水泥和砂(体积比,砂须过 3 mm 筛)进行抹平压光工作。

e. 当面层需分格时,应在水泥初凝之后进行弹线分格。先用木抹搓一条约一抹子宽的面层,用钢皮抹子压光,并用分格器压缝。注意分格应平直,深浅要一致。

f. 当水泥砂浆面层内埋设管线等出现局部厚度减薄处并在 10 mm 和 10 mm 以下时,应按照设计要求做防止面层开裂处理后方可施工。

g. 水泥砂浆面层铺好 1 d 后,用锯屑、砂或者草袋盖洒水养护,每天两次,不少于 7 d。

h. 当水泥砂浆面层采用矿渣硅酸盐水泥拌制时,施工中应采取以下措施:

ⅰ. 严格控制水灰比,水泥砂浆稠度不应大于 35 mm,宜采用干硬性或者半干硬性砂浆。

ⅱ. 精心进行压光工作,通常不应少于三遍。

ⅲ. 养护期应延长到 14 d。

i. 当采用石屑代砂铺设水泥石屑面层时,施工除应执行以上的规定外,尚应符合以下规定:

(ⅰ). 采用的石屑粒径宜为 3~5 mm,其含粉量也不应大于 3%。

(ⅱ). 水泥宜采用硅酸盐水泥、普通硅酸盐水泥,其强度等级不宜小于 42.5 级。

(ⅲ). 水泥和石屑的体积比宜为 1∶2(水泥∶石屑),其水灰比宜控制在 0.4。

(ⅳ). 面层的压光工作不应小于两次,并做养护工作。

(ⅴ). 当水泥砂浆面层出现局部起砂等施工质量缺陷时,可以采用 108 胶水泥腻子进行修理、补强和装饰。施工工艺:处理好基层、表面洒水湿润,涂刷 108 胶水一道,满刮腻子 2~5 遍,厚度控制在 0.7~1.5 mm,洒水养护,砂纸磨平、清除粉尘,再涂刷纯 108 胶一遍或者做一道蜡面。

④养护。

a. 水泥砂浆面层抹压之后,应在常温湿润条件下养护。养护要适时,如浇水过早易起皮,如浇水过晚则会使面层强度降低而加剧其干缩和开裂倾向。通常在夏天是 24 h 后养护,春秋季节应在 48 h 后养护。养护一般不少于 7 d。最好是再铺上锯木屑(或者以草垫覆盖)后再浇水养护,浇水时宜用喷壶喷洒,使锯木屑(或者草垫等)保持湿润即可。如采用矿渣水泥时,养护时间应延长到 14 d。

b. 冬期施工时,环境温度不应低于 5 ℃。若在负温下施工时,所掺抗冻剂必须经过实验室试验合格后方可使用。不宜采用氯盐及氨等作为抗冻剂,不得不使用时掺量必须严格按照规范规定的控制量和配合比通知单的要求加入。

c. 在水泥砂浆面层强度达不到 5 MPa 前,不准在上面行走或进行其他作业,防止损伤地面。

第 52 讲　水泥混凝土面层

（1）施工工艺流程：基层清理→弹线、找标高→混凝土搅拌→混凝土铺设→混凝土振捣和找平→表面压光→养护。

（2）施工要点。

①基层清理。把沾在基层上的浮浆及落地灰等用錾子或钢丝刷清理掉，再用扫帚将浮土清扫干净；如有油污，应用 5% ~ 10% 浓度火碱水溶液清洗。湿润之后，刷素水泥浆或界面处理剂，随刷随铺设混凝土，防止间隔时间过长风干形成空鼓。

②弹线、找标高。

a. 根据水平标准线及设计厚度，在四周墙、柱上弹出面层的上平标高控制线。

b. 按线拉水平线抹找平墩（60 mm×60 mm 见方，和面层完成面同高，用同种混凝土），间距双向不大于 2 m。有坡度要求的房间应按照设计坡度要求拉线，抹出坡度墩。

c. 面积较大的房间为确保房间地面平整度，还要做冲筋，以做好的灰饼为标准抹条形冲筋，高度与灰饼同高，形成控制标高的"田"字格，用刮尺刮平，以作为混凝土面层厚度控制的标准。当天抹灰墩，冲筋，当天应当抹完灰，不应隔夜。

③混凝土搅拌。

a. 混凝土的配合比应依据设计要求通过试验确定。

b. 投料必须经过严格过磅，精确控制配合比。每盘投料顺序为石子→水泥→砂→水。应严格控制用水量，搅拌要均匀，搅拌时间不少于 90 s，坍落度通常不应大于 30 mm。

④混凝土铺设。

a. 铺设前应按标准水平线用木板隔成宽度不大于 3 m 的条形区段，来控制面层厚度。

b. 铺设时，先刷以水灰比为 0.4 ~ 0.5 的水泥浆，并且随刷随铺混凝土，用刮尺找平。浇筑水泥混凝土的坍落度不宜大于 30 mm。

c. 水泥混凝土面层宜采用机械振捣，必须振捣密实。当采用人工捣实时，滚筒要交叉滚压 3 ~ 5 遍，直到表面泛浆为止，然后进行抹平和压光。

d. 水泥混凝土面层不得留置施工缝。当施工间歇大于规定的允许时间后，在继续浇筑混凝土时，应对已凝结的混凝土接槎处进行处理，用钢丝刷刷至石子外露，表面用水冲洗，并涂以水灰比为 0.4 ~ 0.5 的水泥浆，再浇筑混凝土，并且应捣实压平，使新旧混凝土接缝紧密，不显接头槎。

e. 混凝土面层应在水泥初凝之前完成抹平工作，水泥终凝前完成压光工作。

f. 浇筑钢筋混凝土楼板或者水泥混凝土垫层兼面层时，宜采用随捣随抹的方法。当面层表面出现泌水时，可以加干拌的水泥和砂进行撒匀，其水泥和砂的体积比宜为 1 : 2 ~ 1 : 2.5（水泥 : 砂），并进行表面压实抹光。

g. 水泥混凝土面层浇筑完成之后，应在 12 h 内加以覆盖和浇水，养护时间不少于 7 d。浇水次数应能够保持混凝土具有足够的湿润状态。

h. 当建筑地面要求具有耐磨损、不起灰、抗冲击以及高强度时，宜采用耐磨混凝土面层。它是以水泥为主要胶结材料，配以化学外加剂及高效矿物掺合料，满足高强和高黏结力；选用人造烧结材料及天然硬质材料为骨料，以特殊的施工工艺铺设在新拌水泥混凝土基层上形成复合面强化的现浇整体面层，如图 5.1 所示为耐磨混凝土构造。

ⅰ.若在原有建筑地面上铺设,则应先铺设厚度不小于30 mm的水泥混凝土一层,在混凝土未硬化前随即铺设耐磨混凝土面层,要求如下:

ⅰ.耐磨混凝土面层厚度,通常为10~15 mm,但不应大于30 mm。

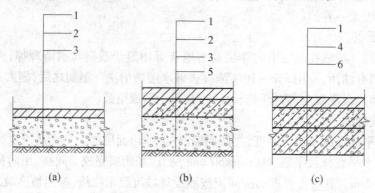

图5.1　耐磨混凝土构造

1—耐磨混凝土面层;2—水泥混凝土垫层;3—细石混凝土结合层;
4—细石混凝土找平层;5—基土;6—钢筋混凝土楼板或结构整浇层

ⅱ.面层铺设在水泥混凝土垫层或结合层上,垫层或者结合层的厚度不应小于50 mm。当有较大冲击作用时,宜在垫层或结合层内加配防裂钢筋网,通常采用 $\phi4@150~200$ mm双向网格,并且应放置在上部,其保护层厚度控制在20 mm。

ⅲ.当有比较高的清洁美观要求时,宜采用彩色耐磨混凝土面层。

ⅳ.耐磨混凝土面层,应当采用随捣随抹的方法。

ⅴ.复合强化的现浇整体面层下基层的表面处理同水泥砂浆面层。

ⅵ.对于设置变形缝的两侧100~150 mm 宽范围内的耐磨层应进行局部加厚3~5 mm处理。

ⅶ.耐磨混凝土面层的主要技术指标:

耐磨硬度(1 000 r/min)　　$\leqslant0.28$ g/cm^2;

抗压强度(MPa)　　$\geqslant80$ N/mm^2;

抗折强度(MPa)　　$\geqslant8$ N/mm^2。

⑤混凝土振捣和找平。

a.用铁锹铺混凝土,厚度略高于找平墩,随即用平板振捣器振捣。厚度大于200 mm 时,应采用插入式振捣器,其移动距离不大于作用半径的1.5倍,做到不漏振,保证混凝土密实。振捣以混凝土表面出现泌水现象为宜,或用30 kg 重滚纵横滚压密实,表面出浆即可。

b.混凝土振捣密实之后,以墙柱上的水平控制线和找平墩为标志,检查平整度,高的铲掉,凹处补平。撒一层干拌水泥砂(水泥∶砂=1∶1),以水平刮杠刮平。有坡度要求的,应按照设计要求的坡度施工。

⑥表面压光。

a.当面层灰面吸水之后,用木抹子用力搓打、抹平,将干拌水泥砂拌合料和混凝土的浆混合,使面层达到紧密结合。

b.第一遍抹压:用铁抹子轻轻抹压一遍直至出浆为止。

c.第二遍抹压:面层砂浆初凝之后(上人有脚印但不下陷),用铁抹子将凹坑、砂眼填实抹平,注意不得漏压。

d.第三遍抹压:面层砂浆终凝之前(上人有轻微脚印),用铁抹子用力抹压。把所有抹纹压平压光,使面层表面密实光洁。

⑦养护。

a.水泥混凝土面层应在施工完成后24 h左右覆盖及洒水养护,每天不少于两次,严禁上人,养护期不得少于7 d。

b.当水泥混凝土整体面层的抗压强度满足设计要求后,其上面方可走人,且在养护期内严禁在饰面上推动手推车、放重物和随意践踏。

c.推手推车时不许碰撞门立边和栏杆及墙柱饰面,门框要适当包铁皮保护,防止手推车轴头碰撞门框。

d.施工时不得碰撞水电安装用的水暖立管等,保护好地漏及出水口等部位的临时堵头,以防灌入浆液杂物导致堵塞。

e.施工过程中被沾污的墙柱面、门窗框以及设备立管线要及时清理干净。

f.冬期施工时,环境温度不应低于5 ℃。若在负温下施工时,所掺抗冻剂必须经过实验室试验合格后方可使用。不宜采用氯盐及氨等作为抗冻剂,不得不使用时掺量必须严格按照规范规定的控制量和配合比通知单的要求加入。

第53讲　水磨石面层

(1)施工工艺流程:基层清理、找标高→贴饼、冲筋→找平层→分格条镶嵌→抹石子浆(石米)面层→磨光→抛光。

(2)施工要点。

①基层清理、找标高。

a.将沾在基层上的浮浆、落地灰等用錾子或钢丝刷清理掉,再用扫帚将浮土清扫干净。

b.根据水平标准线和设计厚度,在四周墙、柱上弹出面层的上平标高控制线。

②贴饼、冲筋。依据水准基准线(如:+500 mm水平线),在地面四周做灰饼,然后拉线打中间灰饼(打墩)再用干硬性水泥砂浆做软筋(推栏),软筋间距约为1.5 m左右。在有地漏和坡度要求的地面,应根据设计要求做泛水和坡度。对于面积较大的地面,则应用水准仪测出面层平均厚度,然后边测标高边做灰饼。

③找平层。

a.找平层施工前宜刷水灰比为0.4~0.5的素水泥浆,也可以在基层上均匀洒水湿润后,再撒水泥粉,用竹扫(把)帚均匀涂刷,随刷随做面层,并且控制一次涂刷面积不宜过大。

b.找平层用1:3干硬性水泥砂浆,先摊平砂浆,再用靠尺(压尺)按冲筋刮平,随即用灰板(木抹子)磨平压实,要求表面平整、密实并保持粗糙。找平层抹好之后,第二天应浇水养护至少1 d。

④分格条镶嵌。通常是在楼地面找平层铺设1 d后,即可在找平层上弹(画)出设计要求的纵横分格式图案分界线,然后用水泥浆按线固定嵌条。水泥浆顶部应比条顶低4~6 mm,并做成45°。嵌条应平直、牢固以及接头严密,并作为铺设面层的标志。分格条十字交叉接头处粘嵌水泥浆时,宜留有15~20 mm的空隙,以保证铺设水泥石粒浆时使石粒分布饱满,磨光后表面美观(图5.2)。分格条粘嵌后,经1 d即可洒水养护,通常养护3~5 d。

⑤抹石子浆(石米)面层。

a.水泥石子浆必须严格按配合比计量。如果彩色水磨石应先按配合比将白水泥和颜料反复干拌均匀,拌完后密筛多次,使颜料均匀混合在白水泥中,并且注意调足用量以备补浆之用,以免多次调和产生色差,最后按照配合比与石子浆搅拌均匀,然后加水搅拌。

b.铺水泥石子浆前一天,洒水将基层充分湿润。在涂刷素水泥浆结合层之前应将分格条内的积水和浮砂清除干净,接着刷水泥浆一遍,水泥品种和石子浆的水泥品种一致,随即将水泥石子浆先铺在分格条旁边,把分格条边约100 mm内的水泥石子浆轻轻抹平压实,以保护分格条,然后再整格铺抹,用灰板(木抹子)或者铁抹子(灰匙)抹平压实,(石子浆配合比通常为1∶1.25或1∶1.5)但不应用靠尺(压尺)刮。面层应比分格条高5 mm,如局部石子浆过厚,应用铁抹子(灰匙)挖去,再把周围的石子浆刮平压实,对局部水泥浆比较厚处,应适当补撒一些石子,并且压平压实,要达到表面平整,石子(石米)分布均匀。

c.石子浆面至少要经两次用毛刷(横扫)粘拉开面浆(开面),检查石粒均匀(如果过于稀疏应及时补上石子)之后,再用铁抹子(灰匙)抹平压实,至泛浆为止。要求压平波纹,分格条顶面上的石子应清除掉。

d.在同一平面上如有几种颜色图案时,应先做深色,之后做浅色。待前一种色浆凝固后,再抹后一种色浆。两种颜色的色浆不应同时铺抹,防止串色,界限不清,影响质量。但间隔时间不宜过长,通常可隔日铺抹。

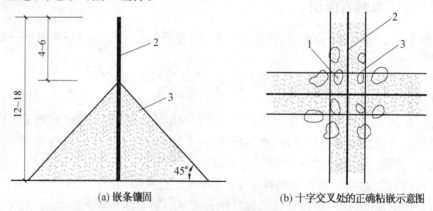

(a) 嵌条镶固　　　　　　　　(b) 十字交叉处的正确粘嵌示意图

图5.2　分格条粘嵌方式

1—石粒;2—分格条;3—水泥素浆

⑥磨光。

a.水磨石开磨的时间和水泥强度及气温高低有关,以开磨后石粒不松动,水泥浆面和石粒面基本平齐为准。水泥浆强度过高,磨面耗费工时;水泥浆强度太低,磨石转动时底面所产生的负压力易把水泥浆拉成槽或者将石粒打掉。为掌握相适应的硬度,大面积开磨前宜试磨,每遍磨光采用的油石规格可以按表5.1选用。水磨石面层开磨时间,见表5.2。

表 5.1　油石规格选用

遍数	油石规格(号数)
头遍	54、60、70
二遍	90、100、120
三遍	180、220、240

表 5.2　水磨石面层开磨时间

平均温度/℃	开磨时间/d	
	机磨	人工磨
20 ~ 30	3 ~ 4	1 ~ 2
10 ~ 20	4 ~ 5	1.5 ~ 2.5
5 ~ 10	6 ~ 7	2 ~ 3

b. 磨光作业应当采用"二浆三磨"方法进行,即整个磨光过程分为磨光三遍,补浆二次。

ⅰ. 用 60 ~ 80 号粗石磨第一遍,随磨随用清水冲洗,并及时扫除磨出的浆液。对整个水磨面,要磨匀、磨平以及磨透,使石粒面及全部分格条顶面外露。

ⅱ. 磨完后要及时把泥浆水冲洗干净,稍干后,涂刷一层同颜色水泥浆(即补浆),用以填补砂眼和凹痕,对于个别脱石部位要填补好,不同颜色上浆时,要按照先深后浅的顺序进行。

ⅲ. 补刷浆第二天后需养护 3 ~ 4 d,再用 100 ~ 150 号磨石进行第二遍研磨,方法同第一遍。要求磨至表面平滑,无模糊不清之处为止。

ⅳ. 磨完清洗干净之后,再涂刷一层同色水泥浆。继续养护 3 ~ 4 d,用 180 ~ 240 号细磨石进行第三遍研磨,要求磨至石子粒显露,表面平整光滑,没有砂眼细孔为止,并用清水将其冲洗干净。

⑦抛光。抛光主要是化学作用与物理作用的混合,也就是腐蚀作用和填补作用。抛光所用的草酸和氧化铝加水后的混合溶液,在摩擦力作用下,立即腐蚀了细磨表面的突出部分,又将生成物挤压到凹陷部位,通过物理与化学反应,使水磨石表面形成一层光泽膜,然后经打蜡保护,使水磨石地面呈现光泽。

在水磨石面层磨光之后涂草酸和上蜡前,其表面严禁污染,涂草酸及上蜡工作,应是在有影响面层质量的其他工序全部完成后进行。

a. 擦草酸可以使用质量分数 10% 的草酸溶液,再加入 1% ~ 2% 的氧化铝。

擦草酸有两种方法:一种方法为涂草酸溶液后随即用 280 ~ 320 号油石进行细磨,草酸溶液起助磨剂作用,照此法施工,通常能达到表面光洁的要求。如感不足,可以采用第二种方法。第二种做法是:将地面冲洗干净,浇上草酸溶液,将布卷固定在磨石机上进行研磨,至表面光滑为止。最后再冲洗干净,晾干,准备上蜡。

b. 上蜡。以上工作完成后,可进行上蜡。上蜡的方法是,在水磨石面层上薄涂一层蜡,稍干后用磨光机研磨,或者用钉有细帆布(或麻布)的木块代替油石,装在磨石机上研磨出光亮后,再涂蜡研磨一遍,直至光滑洁亮为止。

第 54 讲　预制水磨石面层

(1)施工工艺流程:基层处理→弹线排块→试铺→嵌缝→打蜡。

（2）工艺要点。

①基层处理。找平层必须检查其平整度，砂浆的操作步骤与现浇水磨石地面基本相同。预制水磨石在铺设之前应浇水浸湿，清理背面浮尘杂物，阴干备用。

②弹线排块。依据设计要求在找平层进行，有图案纹理的应试拼并编号，在排块时要注意对称及尽量少切割预制水磨石板。弹线由房间内四边取中，在地上弹出十字中心线，放样分格。分格时要同相连房间的分格线连接，所有分格线应在墙面上做好标记。

③试铺。在结硬的找平层上，刷一道水泥浆，在房间四边取出，按地面的标高拉好十字线，每行依次挂线。先安好十字交叉处最中间的一块作为标准块，若以十字线为中缝，可以在十字线交叉点对角安放两块标准板，作为整个房间的水平标准和经纬标准，用90°角尺及水平细致校正。

④黏结层。在基层上均匀地涂刷一遍水泥浆，并且用1∶2.5的水泥砂浆黏结层随刷随抹，拍实压平，砂浆厚度为15～20 mm，随抹随铺（如同大理石地面）。在安放时四周同时往下落，使其与砂浆平行接触，轻放，避免板的棱角破坏黏结层的平整度。预制水磨石板铺好后用木槌或皮锤敲击水磨石板中部，以水平尺找平，铺完第一块之后向两侧及后退方向顺序镶铺，如发现空隙，应将水磨石板掀起，用砂浆补实再进行安装。两块板材接缝还要对齐、平整，特别要注意板的拼缝平、齐，铺好一排后，要拉通线检查是否直，如发现个别凸凹或曲缝，应及时进行校正。对浴室、厨房的地面，根据设计要求，找好泛水坡度，防止积水。

⑤嵌缝。预制水磨石板铺好后，隔两天方可对板缝清除尘物、洒水，先以水泥砂浆灌2/3高度，余下的1/3再用和板材颜色相似的彩色水泥浆灌满并嵌擦密实，然后用干锯末把表面擦净。嵌好缝后的第二天，应立即铺锯末，厚度约为5～10 mm或者用草包之类覆盖，并每天洒水数次，养护2～3 d。

⑥打蜡。在预制水磨石地面使用之前，应扫除木屑，用磨石子机压麻袋布擦净表面灰尘污物，再稍打一遍蜡，直到光滑洁亮。

5.2　木质地板地面施工

第53讲　实铺木地板

实铺木地板是在钢筋混凝土结构层楼面上或者底层地面的混凝土结构层上做好找平层，再用黏结材料把木地板直接粘贴制成，如图5.3所示。一般的做法是：在结构层上用15～30 mm厚123水泥砂浆找平，上面刷冷底子油一层，然后做5 mm厚沥青玛琋酯贴面层，最后以黏结剂粘贴拼花地板或企口地板。铺贴时多数采用由房间中间开始向四边延伸的铺贴法。

（1）施工工艺流程：基层清理→弹线→分挡→粘贴地板、镶边→撕衬纸→粗刨、细刨→打磨→油漆→打蜡。

（2）施工要点。

①基层清理。必须将其层表面的砂浆、浮灰铲除干净，清扫尘埃，用水冲洗，擦拭清洁、干燥。当基层表面有麻面起砂及裂缝现象时，应采用涂刷（批刮）乳液腻子进行处理，每遍涂刷腻子的厚度不应大于0.8 mm，干燥后用0号铁砂布打磨，再涂刷第二遍腻子，直到表面平

整后,再用水稀释的乳液刷一遍。基层表面的平整度,使用 2 m 直尺检查的允许空隙为<2 mm。

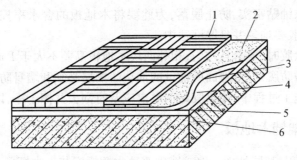

图 5.3　实铺木地板

1—18~20 mm 厚硬木拼花地板;2—1~2 mm 沥青结合层(或聚氨酯、过氯乙烯等胶泥或专用地板胶);
3—热沥青(或配套稀料);4—冷底子油;5—20~30 mm 沥青砂浆或水泥砂浆;6—结构层

②弹线。按设计图案及块材尺寸进行弹线,先弹房间的中心线,从中心向四周弹出块材方格线及圈边线。必须保证方格方正,不得偏斜。

③分档。严格挑选尺寸一致、厚薄相等、直角度好以及颜色相同的材质集中装箱(或捆扎)备用。拼花时也可用两种相同颜色拼用。在铺贴时按编号试拼试铺,调整至符合要求后进行编号。

④粘贴地板、镶边。黏结材料有沥青、专用地板胶以及环氧树脂等。正方块粘贴从中心开始,沿线先贴一个方块,也就是几块宽度尺寸拼在一起刚好为一块的长度尺寸称一个方块,检测无误后,沿方格线从房间中央向四周渐次展开铺贴,板缝必须顺直密实。人字形粘贴,则由房间的中线的一头开始粘贴,其他同正方块粘贴。

铺贴时,用齿形钢刮刀将胶黏剂刮在基层上,厚度为 1~2 mm,厚薄要均匀。将地板跟线接上去,用平底榔头垫衬或木榔头、橡胶榔头打紧、密缝,通常锤敲五至六次,相邻两块地板接缝高低差不宜超过 1 mm。大面积铺完后,再铺贴镶边,若镶边非整块需裁割时,应量好尺寸做套裁,边棱砂轮磨光,并做到尺寸准确,确保板缝适度。

⑤撕衬纸。铺正方块时,常常事先将几块(常用五块)小拼花地板齐整地粘贴在一张牛皮纸或其他较厚实的纸上,按大块地板整联铺贴,待全部铺贴完毕,用湿布在木地板上全面擦湿一次,其湿度以衬纸表面不积水为宜,浸润衬纸渗透之后,随即把衬纸撕掉。注意不是所有的实铺工艺都有此工序。

⑥粗刨、细刨。粗刨工序宜用转速比较快(应达到 5 000 r/min 以上)的电刨地板机进行。由于电刨速度较快,刨时不宜走得太快。电刨停机时,为避免刨刀撕裂木纤维,破坏地面,应先将电刨提起,再关电闸。粗刨之后用手推刨,修整局部高低不平之处,使地板光滑平整。手推刨通常以细短刨为主,并要边刨边用直尺检测平整度。

⑦打磨。用土板磨光机打磨地板,先装粗砂布打磨,之后用细砂布磨光,磨光机磨不到的边角处,可以用木块包砂布进行手工磨平,或者用角向手提磨光机进行打磨。磨光之后,用吸尘器把木灰、粉尘吸干净。

⑧油漆。在地板上先擦水老粉(或腻子)再刷底漆,然后涂面漆,面漆有聚氨酯树脂漆、环氧树脂漆、聚酯漆等。

⑨打蜡。为了更好地保护地板,可在油漆干固后再擦上一层地板蜡,也可在地板磨光后

直接打蜡。

（3）施工注意事项。

①实铺地板要求铺贴密实、防止脱落，为此要将木地板的含水率控制好。基层要清洁，黏结剂质量要好，刮胶要均匀并且厚度适中。

②粘贴木地板涂胶时，要薄且均匀，相邻两块木地板高差不大于1 mm。

③木地板还应做防腐处理，地面所铺设的油毡防潮层必须和墙身防潮层连接。

④在黏结面层施工过程中，如果胶黏剂溢出应及时刮去并擦干净，以防污染地板。

第56讲　高架铺木地板

（1）施工工艺流程：基层处理→地垄墙砌筑→木搁栅安装→木搁栅与砖墩的连接→毛地板铺设→实木地板铺设→踢脚板安装→抛光打蜡。

（2）施工要点。

①基层处理。架铺之前将基层上的砂浆、垃圾及杂物全部清扫干净。

②地垄墙砌筑。地垄墙的基础应依据地面条件按设计要求施工，而后用M5.0水泥砂浆砌筑。每条地垄墙、内横墙以及暖气沟墙均需预留120 mm×120 mm的通风口两个，而且要求在一条直线上，以利通风。暖气沟墙的通风洞口可以采用缸瓦管与外界相通。洞口下应距室外地坪标高不小于200 mm，孔洞应安设篦子。若地垄墙不易做通风处理时，需注意在地垄墙顶部铺设防潮油毡。

③木搁栅安装。先将垫木等材料按设计要求进行防腐处理。核对四周墙面水平标高线，再沿椽木表面画出木搁栅搁置中线，并在木搁栅端头也画出中线，然后将木搁栅对准中线摆好，再依次摆正中间的木搁栅。木搁栅离墙面应留出不小于30 mm的缝隙，以利于隔潮通风。木搁栅的表面应平直，安装时要随时注意由纵横两个方面找平，用2 m长直尺检查时，尺与木搁栅间的空隙不应大于3 mm。木搁栅上皮不平时，应用合适厚度的垫板（不准用木楔）找平，或者刨平，也可对底部稍加砍削找平，但砍削深度不应大于10 mm，砍削处应另做防腐处理。木搁栅安装后，必须用长100 mm的圆钉从木搁栅两侧中部斜向成45°与垫木（或沿椽木）钉牢。为了避免木搁栅与剪刀撑在钉接时走动，应在木搁栅上面临时钉些木拉条，使木搁栅相互拉接，然后在木搁栅上按剪刀撑间距弹线，依线逐个把剪刀撑两端用两个长70 mm的圆钉与木搁栅钉牢。

④木搁栅与砖墩的连接。地板木框架和砖墩的连接，多采用预埋木方或者铁件的方法进行固定。当搁栅框架的木方截面尺寸比较大时，应在木方上先钻出与钉件直径相同的孔，孔深为木方高度的1/3，而后把木搁栅与预埋的木方用钉固定。预埋铁件的方法有两种：一种是在木方两侧边预埋大头螺栓，用骑马铁件将木方卡住以螺栓固定；另一种做法是在砖墩内预埋铁件，用10～14号铅丝将木方绑扎在铁件上。用铁件固定木方时，应在木方上开槽使铁件卡入槽内，以确保木方上平面的平整。铁件应涂刷防锈漆两遍，铁件之间的距离为0.8～1.5 m。

⑤毛地板铺设。地板木搁栅安装完毕之后，须对搁栅进行找平检查，各条搁栅的顶面标高均须符合设计要求，若有不符合要求之处，须彻底修正找平。符合要求后，按45°斜铺

22 mm 厚防腐、防火松木毛地板一层,毛地板的含水率应严格控制,并且不得大于 12%。铺设毛地板时接缝应落在木搁栅中心线上,钉位互相错开。毛地板铺完应刨修平整。用多层胶合板做毛地板使用时,胶合板的铺向应与木地板的走向垂直。

⑥实木地板铺设。

a. 弹线。依据具体设计,在毛地板上用墨线弹出木地板组合造型施工控制线,也就是每块地板条或者每行地板条的定位线。凡不属地板条错缝组合造型的拼花木地板,则应以房间中心为中心,先弹出互相垂直并分别与房间纵横墙面平行的标准十字线两条,或与墙面成45°交叉的标准十字线两条,然后根据具体设计的木地板组合造型图案,以地板条宽度和标准十字线为准,将每条或每行地板的施工定位线弹出,以便施工。弹线完毕,将木地板进行试铺,试铺后编号分别存放备用。

b. 将毛地板上所有垃圾、杂物清理干净,加铺防潮纸一层,然后开始铺装实木地板。可从房间一边墙根(也可从房间中部)开始(根据具体设计,地板周围镶边留出空位),并用木块在墙根所留镶边空隙处将地板条(块)顶住,然后顺序向前铺装,直到铺到对面墙根时,同样用木块在该墙根镶边空隙处将地板顶住,然后把开始一边墙根处的木块楔紧,待安装镶边条时再将两边木块取掉。

c. 铺定实木地板条。按地板条定位线及两顶端中心线,将地板条铺正、铺平以及铺齐,用地板条厚 2~2.5 倍长的圆钉,由地板条企口榫凹角处斜向将地板条钉于地板搁栅上。钉头须预先打扁,冲入企口表面以内,防止影响企口接缝严密,必要时在木地板条上可先钻眼后钉钉(图 5.4)。钉钉个数应符合设计要求,设计没有要求时,地板长度<300 mm 时侧边应钉两个钉,长度为 300~600 mm 时应钉 3 个钉,长度为 600~900 mm 时钉 4 个钉,板的端头应钉一个钉固定。所有地板条应当逐块错逢排紧钉牢,接缝严密。板和板之间,不得有任何松动、不平、不牢。

d. 粘铺地板。按设计要求及有关规范规定处理基层,粘铺木地板用胶要满足设计要求,并进行试铺,满足要求后再大面积展开施工。铺贴时要用专用刮胶板将胶均匀地涂刮于地面及木地板表面,待胶不粘手时,将地板按定位线就位粘贴,并且用小锤轻敲,使地板条与基层粘牢。涂胶时要求涂刷均匀,厚薄一致,不得有漏涂之处。地板条应铺正、铺平以及铺齐,并应逐块错缝排紧粘牢。板和板之间不得有任何松动、不平、缝隙及溢胶之处。

⑦踢脚板安装。木地板房间的四周墙脚处应设木踢脚板,踢脚板通常高 100~200 mm,常采用的是 150 mm,厚 20~25 mm(图 5.5)。所用木板通常也应与木地板面层所用的材质品种相同。踢脚板预先刨光,上口刨成线条。为避免翘曲,在靠墙的一面应开成凹槽,当踢脚板高 100 mm 时开一条凹槽,150 mm 时开两条凹槽,超过 150 mm 时开三条凹槽,凹槽深度约为 3~5 mm。为了防潮通风,木踢脚板每隔 1~1.5 m 设一组通风孔,通常采用 φ6 孔。在墙内每隔 400 mm 砌入防腐木砖,在防腐木砖外面再钉防腐木垫块。通常木踢脚板与地面转角处安装木压条或安装圆角成品木条。

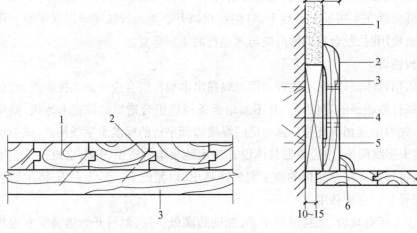

图 5.4　企口板钉设　　　　　　　图 5.5　木踢脚板
1—企口板;2—圆钉;3—毛地板　　1—内墙粉刷;2—20×150 木踢脚板;3—φ6 通风孔;
　　　　　　　　　　　　　　　4—木砖;5—垫块;6—15×15 压条

木踢脚板应在木地板刨光之后安装,其油漆在木地板油漆之前。木踢脚板接缝处应作暗榫或者斜坡压槎,在 90°转角处可做成 45°斜角接缝。接缝一定要在防腐木块上。在安装时木踢脚板与立墙贴紧,上口要平直,用明钉将其钉牢在防腐木块上,钉帽要砸扁并冲入板内 2~3 mm。

⑧抛光打蜡。

a. 地板磨光。地面磨光用磨光机,转速应当在 5 000 r/min 以上,所用砂布应先粗后细,砂布应绷紧绷平,长条地板应顺木纹磨,拼花地板应同木纹成 45°斜磨。磨时不应磨得太快,磨深不宜过大,一般不大于 1.5 mm,要多磨几遍,磨光机不用时应先提起再关闭,防止啃咬地面,机器磨不到的地板要用角磨机或者手工去磨,直到符合要求为止。

b. 油漆打蜡。应在房间内所有装饰工程完工之后进行。硬木拼花地板花纹明显,所以,多采用透明的清漆涂刷,这样可透出木纹,增强装饰效果。打蜡可用地板蜡,以使地板的光洁度增加,使木材固有的花纹及色泽最大限度地显示出来。

第 57 讲　拼花木地板

拼花木板面层的图案,可采用正方块、斜方块以及席纹等形式,四周留直条的镶边,如图 5.6 所示。

(1)施工工艺流程:基层清理→弹线→钻孔、安装预埋件(→地面防潮、防水处理)→安装木龙骨→垫保温层→弹线、钉装毛地板→找平、刨平→钉木地板→装踢脚板→刨光、打磨(→油漆)→上蜡。

(2)施工要点。

①基层处理。铺前应将基层上的砂浆、垃圾和杂物全部清扫干净。

②铺设拼花木板面层前,应在房间内中央毛地板上弹线、分格以及定位,并距墙面留出 200~300 mm 以作镶边(按照设计图纸要求进行)。

③在毛地板上铺钉拼花木板,钉帽砸扁。拼花木板的长度是拼花木板厚度的 2~

2.5倍,由侧面斜向钉入毛地板中,钉帽砸扁。拼花木板的长度不超过300 mm时,侧面应钉两个钉;长度大于300 mm时,每300 mm应当增加一个钉,顶端均应钉一个钉。

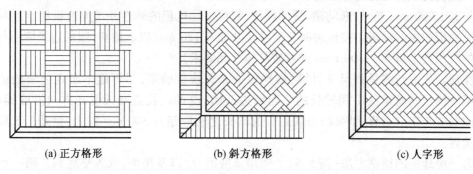

(a)正方格形　　　　　(b)斜方格形　　　　　(c)人字形

图5.6　拼花木板面层图案

④拼花木板可预制成块,所用的胶应为防水及防菌的。接缝处应对齐,胶合应紧密,缝隙不应大于0.2 mm。外形尺寸应准确,表面应平整。预制成块的拼花木板铺钉于毛地板上,应以企口互相连接,铺钉要求同上。

⑤用沥青玛𤩽酯或胶黏剂铺贴拼花木板时,要求基层面洁净、平整、干燥,并预先涂刷一层冷底子油,然后用沥青玛𤩽酯涂刷于基层上,要求涂刷均匀,厚度通常为2 mm。在拼花木板背面也涂刷一层薄而匀的沥青玛𤩽酯,随涂随铺贴,并且要求一次就位准确。

⑥用胶黏剂铺贴拼花木板时,在基层表面与拼花木板背面分别涂刷胶黏剂,其厚度:基层背面控制在1 mm左右;拼花木板背面控制在0.5 mm左右,通常待5 min即可铺贴,并应注意在铺贴好的板面随时加压,使之黏结牢固,避免翘鼓。

⑦用沥青玛𤩽酯或胶黏剂铺贴拼花木板时,其相邻两块的高差不应大于+1.5 mm、-1 mm,过高或过低时应予重铺。溢出板面的沥青玛𤩽酯或者胶黏剂应随即刮去。

⑧拼花木板面层的缝隙不应超过0.3 mm。面层与墙之间的缝隙,用踢脚板或踢脚条封盖。

⑨拼花木板面层应进行刨(磨)光。铺钉的拼花木板面层完工之后即可进行刨(磨)光。铺贴的拼花木板面层,应待沥青玛𤩽酯或者胶黏剂凝结后,方可刨(磨)光。一般用细刨刨一遍,所刨去厚度应小于1.5 mm,要求没有刨痕。再用砂纸打磨一遍,要求光平。

⑩踢脚板和踢脚条等应在拼花木板面层刨(磨)光后再行装置。

⑪面层的油漆、打蜡工作,应在房间内所有装饰工程完工之后进行。

第58讲　复合木地板

(1)施工工艺流程:基层清理→弹线、找平(→安装木搁栅→钉毛地板)→铺垫层→试铺预排→铺地板→安装踢脚板→清洁表面。

(2)施工要点。

①基层处理,基本同木地板。因为采用浮铺式施工,复合地板基层平整度要求很高,要求平整度3 m内误差不得超过2 mm。基层处须保持洁净、干燥。铺贴前,可刷一层掺防水剂的水泥浆进行基层防水。

②弹线、找平,同木地板。

③铺垫层(图5.7)。先在地面铺上一层2 mm左右厚的高密度聚乙烯地垫,接缝处以胶

带封住,不采用搭接,地热地面应当先铺上一层厚度0.5 mm以上聚乙烯薄膜,接缝处重叠150 mm以上,并以胶带密封。如图5.7所示。

垫层宽1 000 mm卷材,起防潮、缓冲作用,能够增加地板的弹性并增加地板稳定性和减少行走时地板产生的噪声。按照房间长度净尺寸加长120 mm以上裁切,四周边缘墙面与地面相接的阴角处上折60~100 mm(或者按具体产品要求)。

④预铺。先进行测量和尺寸计算,将地板的布置块数确定,尽可能不出现过窄的地板条。地板块铺设时通常从房间较长的一面墙边开始,也可以长缝顺入射光方向沿墙铺放。板面层铺贴应与垫层垂直,铺装时每块地板的端头之间应错开300 mm以上,错开1/3板长则更为美观。

a.第一块地板的铺贴方法(图5.8)。擦净基底间、板以及尾面,放入垫底料。第一块从左向右放,槽面靠墙,板尾面放木楔,然后根据房间大小依次连接需要的地板块,但是不要粘胶。

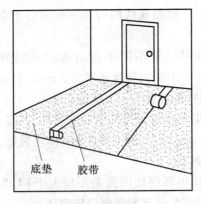
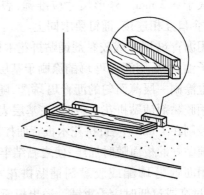

底垫　　胶带

图5.7　铺设底垫　　　　　　　　图5.8　第一块地板的铺贴方法

b.每排的最后一块地板的处理方法。铺装至每排最后一块地板时,将最后一块地板180°反向,并与该排其余木板舌对舌(留出空隙),使该木板紧靠墙面,若有多余木板,按图5.9所示方法,在背后做上记号,按照尺寸切割。

c.底层处理方法(图5.10)。底层铺以泡沫或者毛毡,另外在水泥地面上铺设防潮层。地板安装时,在所有边角,包括门槛留有10~14 mm的空隙。为了确保最先两排地板平直,不宜使用长度小于30 mm的地板,在安装时板条间要压紧。

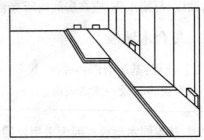

图5.9　每排最后一块地板的处理方法　　　图5.10　底层处理方法

d.注胶的方法(图5.11)。在加注胶水时,需注满企口的1/3,操作时正面向下,确保胶水在板条压紧时能溢出表面,如果接缝上浮现稍许胶水,应及时用布擦去。

e.最边的安装(图5.12)。在结尾的舌部均匀涂布足量的胶水,用木帽榫及锤子小心地将板面连接起来,最后一块木板用连系钩铺装。铺装完毕之后,用铅垂线测试其平衡度。在墙、板间的空当处放木楔子。

f. 最后一块木板的安装方法(图 5.13)。用连系钩使最后一块木板到位,并且放置隔离楔。全部地板铺设完毕后,24 h 内不能走动,防止胶水未干透,使地板木松动。此后取出隔离楔,安放踢脚板。

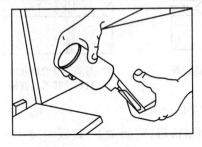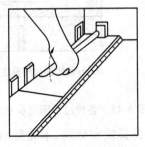

图 5.11　注胶方法　　　　图 5.12　最边的安装　　　图 5.13　最后一块木板的安装方法

g. 管道孔处理方法(图 5.14)。先在地板块上钻直径超过管道孔 10 mm 的孔,然后画线锯配板,最后注胶、铺装。

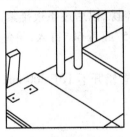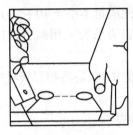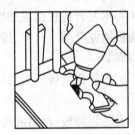

(a) 夹装管道孔　　　　　　　(b) 画线锯配板　　　　　　　(c) 注胶安装

图 5.14　管道孔的处理方法

h. 门框下处理方法。为了方便施工,有时可将门扇锯短,门扇的切口应与地板厚度相等。铺装时,把地板块从门扇下滑过,并留有一定的空隙。

⑤安装踢脚板。复合木地板四边的墙根伸缩缝,用配套的踢脚板贴盖装饰。通常选用复合木踢脚板,其基材为防潮环保中密度纤维板,在表面饰以豪华的油漆纸。踢脚板除了用专用夹子安装外,也可用无头(或有头)水泥钢钉及硅胶钉粘在墙面上,接头尽量设在拐角处。

⑥过桥的使用(图 5.15)。当地面面积超过 100 m² 或边长大于 10 m 时,应使用过桥。在房间的门槛和连接处高低不平时,也应使用过桥。不同的过桥可以解决不同程度的高低不平以及和地毯的连接问题。

⑦收口扣板条可利用坡度缓缓地由上而下搭接不同高度的地面,解决收口,又富流线舒畅的美感。

⑧清扫,擦洗。每铺完一间,当胶干后扫净杂物并以湿布擦净,铺装好后 24 h 内不得在地板上走动。

(3)单层条式实铺式施工要点。

①将基层清理干净,并将水平标高控制线弹好。

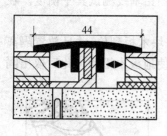

(a) 对称 T 形过桥（超宽、
超长连接使用）

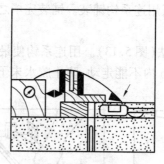

(b) 与其他饰面材料连接的过桥

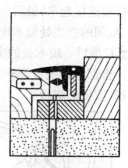

(c) 与高于复合地面的
材料连接的过渡桥

图 5.15　各种过桥固定示意图（单位：mm）

②在基层上弹出木龙骨位置线和标高，木龙骨断面呈梯形，宽面在下，其截面尺寸和间距应符合设计要求；接线将龙骨放平放稳，用垫木找平，垫实钉牢，木龙骨和墙之间留出 30 mm 的缝隙，再依次摆正中间的龙骨，如果设计无要求则龙骨间距按 300 mm 施工，且表面应平直。

③在龙骨之间填充干炉渣或者其他保温、隔声等轻质材料。

④实木复合地板面层和墙面之间应留不小于 10 ~ 20 mm 的空隙，以后逐条板排紧，实木复合地板同龙骨间应钉牢、排紧；铺钉方法宜采用暗钉，钉子以 45°或者 60°钉入，可使接缝进一步靠紧。

⑤实木复合地板的接头要在龙骨中间，应将相邻板材接头位置错开不小于 300 mm 的距离。

⑥安装踢脚板：粘贴或者铺钉均可。

（4）双层条式实铺式施工要点。

①将基层清理干净，并将水平标高控制线弹好。

②在基层上弹出木龙骨位置线，按线把龙骨放平放稳，用垫木找平，垫实钉牢；木龙骨断面呈梯形，宽面在下，其截面尺寸及间距应满足设计要求；木龙骨距墙留出 30 mm 的缝隙，再依次摆正中间的龙骨，龙骨间距如果设计无要求按 300 mm 施工。

③满铺毛地板，并将其钉在木龙骨上。毛地板和木龙骨垂直铺钉，如果大面积宜斜向铺设，宜与木龙骨角度呈 30°或者 45°，毛地板应四周钉头，钉距应不小于 350 mm。

④在毛地板上满铺一层防潮垫，不用打胶；铺装实木复合地板，不用打胶，直接拼铺，实木复合地板拼缝如果是普通企口，板材间接缝必须打胶，其他拼缝形式直接拼装，也可打胶进行封闭。

⑤实木复合地板面层与墙面之间应留不小于 10 mm 空隙。

⑥安装踢脚板。粘贴或者铺钉均可。

（5）架空式施工要点。

①将基层清扫干净，并将水平标高控制线弹好。

②砌筑地垄墙：垄墙与垄墙的间距通常不宜大于 2 m，地垄墙的高度应符合设计标高，必要时其顶面层可以考虑以水泥砂浆或豆石混凝土找平；地垄墙在砌筑时要预留 120 mm×120 mm 的通风孔洞，外墙每隔 3 ~ 5 m 开设 180 mm×180 mm 的孔洞；若该架空层内敷设了管

道设备,须兼做维修空间时,则需考虑预留进人孔。

③铺设垫木。在地垄墙和木搁栅之间用垫木连接,一般用 18 号铅丝绑扎,铅丝预先埋在砖砌体之中,垫木宜分段直接铺放在搁栅之下。

④安放木搁栅。木搁栅的断面尺寸应依据地垄墙的间距来确定;其布置与地垄墙成垂直方向安放,间距应视房间的具体尺寸、设计要求来确定,通常为 400 mm,铺设找平后与垫木钉牢即可。

⑤设置剪刀撑。剪刀撑布置于木搁栅之间,把每根木隔栅连成一个整体。

⑥铺钉毛地板。在木搁栅之上铺钉的一层窄木板条,宜斜向铺设,同木搁栅成30°或者45°角。

⑦铺钉实木复合地板。在毛地板上满铺一层防潮垫,不用打胶;铺装实木复合地板,不用打胶,直接拼铺,实木复合地板拼缝如果是普通企口,板材间接缝必须打胶,其他拼缝形式直接拼装,也可以打胶进行封闭。

⑧木踢脚板安装。粘贴或者铺钉均可。

(6)粘贴式施工要点。

①将基层清理干净,并将水平标高控制线弹好。

②在找平层上满铺防潮垫,不用打胶;如果采用条铺,可采用点铺方法。

③在防潮垫上铺装实木复合地板,宜通过点粘法铺设。

④防潮垫和实木复合地板面层与墙面之间应留不小于 10 mm 的空隙,相邻板材接头位置应错开不小于 300 mm 的距离。

⑤实木复合地板粘铺后可以用橡皮锤子敲击使其黏结牢固、均匀。

⑥粘贴踢脚板。

第 59 讲　中密度(强化)复合地板

(1)作业条件。

①基层干净、无浮土以及无施工废弃物,基层干燥,含水率在8%以下。

②干燥。应达到或者低于当地平衡湿度和含水率,严禁含湿施工,并防止有水源处向地面渗漏,如暖气出水处、厨房及卫生间接口处等。

③平整。用 2 m 靠尺检验应小于 5 mm。

④牢固。基层材料应为优质合格产品,并按序固接在地基上,不松动。

⑤伸缩缝。龙骨间、龙骨与墙体间、毛地板间以及毛地板与墙体间均应留有伸缩缝。

⑥耐腐。用干燥耐腐材(宽度>35 mm)做龙骨。禁止用细木工板料做龙骨。用针叶板材、优质多层胶合板(厚度>9 mm)做毛地板料,禁止整张使用,必要时须进行涂防腐油漆处理和防虫害处理。

⑦与厕浴间、厨房等潮湿场所相邻木地板面层连接处应进行防水(防潮)处理。

⑧所有中密度(强化)复合地板基层验收,应在木地板面层施工前验收合格,否则不允许进行面层铺设施工。

⑨严禁在木地板铺设时,和其他室内装饰装修工程交叉混合施工。

(2)施工要点。

①基层清理。基层表面应平整、坚硬、密实、干燥、洁净、无油脂及其他杂质,不得有麻

面、起砂裂缝等缺陷。当条件允许时,用自流平水泥将地面找平为佳。

②地垄墙砌筑。地垄墙通常采用红砖、水泥砂浆或混合砂浆砌筑;其厚度应根据架空的高度及使用条件来确定;垄墙与垄墙的间距通常不宜大于 2 m,地垄墙的高度应符合设计标高,必要时其顶面层可以考虑以水泥砂浆或豆石混凝土找平;地垄墙在砌筑时要预留 120 mm×120 mm 的通风孔洞,外墙每隔 3~5 m 开设 180 mm×180 mm 的孔洞;若该架空层内敷设了管道设备,须兼做维修空间时,则需考虑预留进人孔。

③垫木铺设。在地垄墙和木搁栅(木龙骨)之间用垫木连接,垫木的厚度一般为 50 mm;垫木与地垄墙的连接,一般用 18 号铁丝绑扎,铁丝预先埋在砖砌体之中,垫木宜分段直接铺放于搁栅之下;也可以用混凝土圈梁或压顶代替垫木,在地垄墙上部现浇混凝土圈梁,并预埋钢筋。

④木搁栅铺设。木搁栅(木龙骨)的断面尺寸应依据地垄墙的间距来确定;其布置与地垄墙成垂直方向安放,间距应根据房间的具体尺寸、设计要求来确定,一般为 400 mm,铺设找平后与垫木钉牢即可。

⑤地板铺设。

a.铺钉毛地板。在木搁栅之上铺钉的一层窄木板条,宜斜向铺设,同木搁栅成 30°或者 45°角。

b.铺钉强化地板。于毛地板上满铺一层防潮垫,不用打胶;铺装强化地板,不用打胶,直接拼铺,强化地板拼缝若是普通企口,板材间接缝必须打胶,而其他拼缝形式直接拼装,也可打胶进行封闭。

5.3　块材楼地面施工

第60讲　天然石材施工

(1)施工工艺流程:基层清理→弹线→试拼→石材浸水湿润→安装标准块→摊铺水泥砂浆→铺贴→对缝镶条→灌缝→踢脚板镶贴→打蜡。

(2)施工要点。

①基层清理。铺贴之前先将地面清扫干净,不能有屑、灰尘,防止铺贴后产生空鼓,然后在地面进行弹线分格。大理石铺贴应从居室的中心开始,向四周散射,如果中心位要拼花,按照分格线切割大理石,切割时位置要正确。

②弹线。根据设计要求,并考虑结合层厚度及板块厚度,确定平面标高位置后,在相应立面弹线。再按板块的尺寸加预留缝放样分块,通常大理石板地面缝宽 1 mm,花岗岩石板地面缝宽小于 1 mm。和走廊直接相通的门口应与走道地面拉通线,板块布置要以十字线对称,如果室内地面与走廊地面颜色不同,其分界线应安排在门口或者门窗中间。在十字线交点处对角安放两块标准块,并用水平尺及角尺校正。

③试拼。在正式铺设前,对每一房间的大理石或者花岗石板块,应按图案、颜色以及纹理试拼,试拼后按照两个方向编号排列,然后按照编号码放整齐。

④石材浸水湿润,对铺设于水泥砂浆结合层上的板块面层,施工前应将板块料浸水湿润,这是保证面层与结合层黏结牢固,以防空鼓、起壳等质量通病的重要措施。所以在施工

前应浸水湿润板块,并阴干码好备用,在铺砌时,板块的底面以内潮外干为宜。结合层与基层和面层黏结质量的好与不好,为整个楼面、地面施工质量的关键环节。

⑤铺水泥砂浆结合层。水泥砂浆结合层,或者找平层,应严格控制其稠度,以确保黏结牢固及面层的平整度。结合层宜采用干硬性水泥砂浆,由于干硬性水泥砂浆具有水分少、强度高、密实度好、成型早及凝结硬化过程中收缩率小等优点,所以采用干硬性水泥砂浆做结合层是保证板块料楼面、地面的平整度以及密实度的一个重要措施。干硬性水泥砂浆的配合比(体积比)常用 1∶1～1∶3(水泥∶砂),通常采用不低于 42.5 级水泥配制,铺设时的稠度(以标准圆锥体沉入度)2～4 cm 为宜,现场如无测试仪器时,可用手捏成团,在手中颠后即散为度。

为了确保干硬性水泥砂浆与基层(或找平层)、预制板块的黏结效果,在铺砌前,除将预制板块浸水湿润外,还应在基层(或找平层)上刷一遍水灰比为 0.4～0.5 的水泥浆,随刷随摊铺水泥砂浆结合层。待板块料试铺合格后,还应在干硬性水泥砂浆上再浇一薄层水泥浆,以确保整个上下层之间黏结牢固。

⑥铺板。在石材板块背面薄抹一层水灰比为 0.4～0.5 的水泥浆,或者在结合层上均匀撒布一层干水泥粉,并且洒一遍水,同时在板背面洒水,再进行正式铺贴。铺装操作时要每行依次挂线,将板块四角对准纵横缝后,同时平稳落下,用橡皮锤(木槌)轻敲振实,并且用水平尺找平,锤击板块时注意不要敲砸边角,也不要敲打已铺贴完毕的板块,以免导致空鼓。

⑦对缝及镶条。正式镶铺时,要把板块四角同时平稳下落,对准纵横缝后,用橡胶锤轻敲振实并用水平尺找平。对缝时要依据拉出的对缝控制线进行,并应注意板块的规格尺寸必须一致,其长宽度误差须在 1 mm 以内。锤击板块时不要敲砸边角,也不要敲打在已经铺贴完毕的平板上,防止造成饰面的空鼓。

对要求镶嵌铜条的地面板块铺贴,板块的规格尺寸更要求准确。铜条镶嵌前,先把相邻的两块板铺贴平整,其拼接间隙略比镶条宽度小,然后向缝隙内灌抹水泥砂浆,灌满后抹平;而后将铜镶条敲入缝隙内,使之外露部分略高于板块平面(以手摸稍有凸感为准),之后擦净挤出的砂浆。

⑧灌缝。对于不设镶条的板块地面,应在铺贴完毕 24 h 以后再洒水养护。通常在 2 d 之后,经检查板块没有断裂及空鼓现象,方可进行灌缝。将稀水泥浆或 1∶1 稀水泥砂浆(水泥∶细砂)灌入缝内 2/3 高处,并用小木条将流出的水泥浆向缝内刮抹。灌缝面层上溢出的水泥浆或水泥砂浆须在凝结之前予以消除,再用颜色与板面相同的水泥色浆将缝灌满。待缝内的水泥凝结后,再将面层清洗干净,3 d 内严禁上人走动。

⑨踢脚板镶贴。预制水磨石和大理石、花岗石踢脚板一般高度为 100～200 mm,厚度为 15～20 mm。施工有粘贴法与灌浆法两种。

踢脚板施工之前要认真清理墙面,提前一天浇水湿润。按照需要数量将阳角处的踢脚板的一端,用无齿锯切成 45°,并把踢脚板用水刷净,阴干备用。

镶贴时从阳角开始向两侧试贴,检查平直与否,缝隙是否严密,有无缺边掉角等缺陷,合格后才可实贴。不论采取什么方法安装,均先于墙面两端各镶贴一块踢脚板,其上沿高度应在同一水平线上,出墙厚度要一致,然后沿两块踢脚板上沿拉通线,逐块依顺序进行安装。

a. 粘贴法。

ⅰ. 根据墙面抹灰厚度吊线确定踢脚板出墙厚度,通常为 8～10 mm。

ⅱ．用1∶3水泥砂浆打底找平并且在表面划纹。

ⅲ．找平层砂浆干硬之后，拉踢脚板上口的水平线，把湿润阴干的大理石踢脚板的背面刮抹一层2～3 mm厚的素水泥浆(可以掺加10%左右的108胶)后，往底灰上粘贴，并用木槌敲实，根据水平线找直。24 h后用同色水泥浆擦缝，将余浆擦净。和大理石地面同时打蜡。

b．灌浆法。

ⅰ．根据墙面抹灰厚度吊线确定踢脚板出墙厚度，通常为8～10 mm。

ⅱ．在墙两端各设置一块踢脚板，其上楞高度在同一水平线内，出墙厚度一致。然后沿两块踢脚板上楞拉通线，逐块依顺序安装，随时检查踢脚板的水平度及垂直度。相邻两块踢脚板之间及踢脚板与地面、墙面之间用石膏稳牢。

ⅲ．灌1∶2稀水泥砂浆，并随时将溢出的砂浆擦干净，待灌入的水泥砂浆终凝后将石膏铲掉。

d．用棉丝团蘸和大理石踢脚板同颜色的稀水泥浆擦缝。踢脚板的面层打蜡同地面一起进行。踢脚板之间的缝宜和大理石板块地面对缝镶贴。

⑩打蜡。板块铺贴完工之后，待其结合层砂浆强度达到60%～70%即可打蜡抛光。其具体操作方法基本与现浇水磨石地面面层相同，在板面上薄涂一层蜡，待稍干后用磨光机研磨，或用钉有细帆布(或麻布)的木块代替油石装在磨石机上，研磨出光亮之后，再涂蜡研磨一遍，直至光滑洁亮为止。

第61讲　碎拼大理石施工

(1)施工工艺流程：基层清理→抹找平层灰→铺贴→浇石渣浆→磨光→压光磨光。

(2)施工要点。

①基层清理。铺设之前要对碎拼大理石进行清理归类，首先是将基层清理干净，无浮灰、砂浆、油污等，然后将颜色、厚薄相近的放在一起施工，板材边长不宜大于300 mm。

②抹找平层灰。碎拼大理石应在厚度约是10～30 mm的1∶3水泥砂浆找平层上进行铺贴，大理石间隙应用普通水泥砂浆或者用带颜色的水泥砂浆黏结嵌缝。

③铺贴。铺贴前，应在铺贴饰面上拉线找方找平，做灰饼，在门口或者临界面应注意留出镶贴块材的宽度尺寸。

设计有图案时，图案部位应先镶贴，然后再镶贴其他部位。镶贴时，应随时用直尺找平，注意面层的光洁，随时进行清理，还应注意缝宽基本一致。在镶贴之前用切割机进行块材加工。

铺贴时应保持缝隙宽度一致，如果是毛边碎块，亦称冰裂纹面层，应先铺贴大块，再根据间隙形状，选用合适的小块补入。大理石贴上之后，用木槌或橡皮锤轻轻敲击大理大板，确保大理石粘牢。

④浇石渣浆。清除干净缝中积水、杂物，刷素水泥浆一遍，然后嵌入彩色水泥石渣浆，嵌抹应凸出大理石表面2 mm，面层石渣浆铺设之后，在表面要均匀撒一层石渣，以钢抹刀拍实压平，出浆后再用钢抹刀压光，次日养护。也可以用同色水泥砂浆嵌抹间隙做成平缝。

⑤压光磨光。面层石碴浆铺设之后，在表面要均匀撒一层石渣，用钢抹刀拍实压平，出浆之后再用钢抹刀压光。饰面养护2～3 d开始磨光。第一遍用80～100号金刚石，第二遍

用 100 ~ 160 号金刚石,第三遍用 240 ~ 280 号金刚石,第四遍用 750 号或者更细的金刚石,每一遍的磨光要求和最后上蜡方法均相同于水磨石面层方法。

第62讲　人造石材施工

人造石材又称为合成石,具有天然石材的花纹和质感,且有强度高、厚度薄、耐酸、耐碱、抗污染等优点,重量只有天然石材的一半,其色彩和花纹都可根据设计意图制作。这里主要介绍树脂型人造石材。

人造石材的铺贴用钉法和黏结法。钉法铺贴工艺同木地板铺贴。

(1)黏结法。

①施工工艺流程:画线→预排→找平→湿润基层面→粘贴→铺贴。

②黏结法施工要点。

a. 铺贴之前,应先画线、预排,使接缝均匀。

b. 黏结前用 1∶3 水泥砂浆打底,找平之后再划毛。

c. 以清水充分浇湿待施工的基层面(地面)。

d. 用 1∶2 水泥砂浆粘贴。

e. 背面抹一层水泥浆或者水泥砂浆后进行对位,在基层上由前往后退,逐一胶粘。

f. 水泥砂浆凝固后,板缝或者阴阳角部分,用建筑密封胶或用 10∶0.5∶26(水泥∶801胶水∶水)的水泥浆掺入与板材颜色相同的颜料进行处理,也可以用铺贴天然大理石或花岗石的方法进行铺贴,但是厚的人造石材才能用此法。

(2)铺贴注意事项。

①在施工中,人造石材不允许有歪斜、翘曲以及空鼓等现象。

②在施工中,人造石材不允许有缺棱、掉角以及裂缝等缺陷。

③在铺贴时,灌浆饱满、嵌缝严密以及颜色深浅要一致。

④铺贴表面去污用软布沾水或者洗衣粉液轻擦,不得用去污粉擦洗。

⑤若饰面有轻度变形,可以适当烘干、压烤校正。

5.4　砖面层铺贴

第63讲　砖面层施工

(1)施工工艺流程:基层处理→找标高→铺结合层砂浆→铺砖控制线→铺砖→勾缝→踢脚板。

(2)施工要点。

①基层处理。将混凝土基层上的杂物清理掉,并且用錾子剔掉楼地面超高、墙面超平部分及砂浆落地灰,用钢丝刷刷净浮浆层。若基层有油污时,应用 10% 火碱水刷净,并用清水及时将其上的碱液冲净。

②找标高。根据水平标准线及设计厚度,在四周墙、柱上弹出面层的上平标高控制线。

③铺结合层砂浆。砖面层铺设之前应湿润基底,并在基底上刷一道素水泥浆或界面结合剂,随刷随铺设搅拌均匀的干硬性水泥砂浆。

④铺砖控制线。当找平层砂浆抗压强度满足1.2 MPa时,开始上人弹砖的控制线。预先根据设计要求和砖板块规格尺寸,确定板块铺砌的缝隙宽度,当设计没有规定时,紧密铺贴缝隙宽度不宜大于1 mm,虚缝铺贴缝隙宽度宜为5~10 mm。

在房间中,按纵、横两个方向排尺寸,当尺寸不足整砖倍数时,把非整砖用于边角处,横向平行于门口的第一排应为整砖,把非整砖排在靠墙位置,纵向(垂直门口)应在房间内分中,非整砖对称排放在两墙边处,尺寸不小于整砖边长的1/2。依据已确定的砖数和缝宽,在地面上弹纵、横控制线(每隔四块砖弹一根控制线)。

⑤铺砖。

a.在砂结合层上铺设砖面层时,砂结合层应洒水压实,并以刮尺刮平。而后拉线逐块铺砌。施工按以下要求进行:

ⅰ.黏土砖的铺砌形式一般采用"直行""对角线"或者"人字形"等铺法。在通道内宜铺成纵向的"人字形",同时在边缘的一行砖应加工成45°角,并同墙或地板边缘紧密连接。

ⅱ.铺砌砖时应挂线,相邻两行的错缝应是砖长的1/3~1/2。

ⅲ.黏土砖应对接铺砌,缝隙宽度不宜大于5 mm。在填缝之前,应适当洒水并予拍实整平。填缝可用细砂、水泥砂浆或者沥青胶结料。用砂填缝时,宜先将砂撒于砖面上,再用扫帚扫于缝中。用水泥砂浆或者沥青胶结料填缝时,应预先用砂填缝至一半高度。

b.在水泥砂浆结合层上铺贴缸砖、陶瓷地砖和水泥花砖面层时,应符合以下规定:

ⅰ.在铺贴前,应对砖的规格尺寸、外观质量以及色泽等进行预选,并应浸水湿润后晾干待用。

ⅱ.铺贴时宜采用干硬性水泥砂浆,面砖应紧密、坚实,砂浆应饱满,并且严格控制标高。

ⅲ.面砖的缝隙宽度应符合设计要求。当设计没有规定时,紧密铺贴缝隙宽度不宜大于1 mm。

虚缝铺贴缝隙宽度宜为5~10 mm。

ⅳ.大面积施工时,应采取分段按顺序铺贴,按照标准拉线镶贴,并做各道工序的检查和复验工作。

ⅴ.面层铺贴应在一天内进行擦缝、勾缝以及压缝工作。缝的深度宜为砖厚的1/3;擦缝和勾缝应采用同品种、同强度等级以及同颜色的水泥,随做随清理水泥,并做养护和保护。

c.在水泥砂浆结合层上铺贴陶瓷锦砖时,应符合以下规定:

ⅰ.结合层和陶瓷锦砖应分段同时铺贴,在铺贴之前,应刷水泥浆,其厚度宜为2~2.5 mm,并应随刷随铺贴,以抹子拍实。

ⅱ.陶瓷锦砖底面应洁净,每联陶瓷锦砖间、与结合层之间以及在墙角、镶边和靠墙处,均应紧密贴合,并且不得有空隙。在靠墙处不得采用砂浆填补。

ⅲ.陶瓷锦砖面层在铺贴后,应淋水、揭纸,并且应采用白水泥擦缝,做面层的清理和保护工作。

d.在沥青胶结料结合层上铺贴缸砖面层时,其下一层应满足隔离层铺设的要求。缸砖要干净,铺贴时应在摊铺热沥青胶结料后随即进行,并且应在沥青胶结料凝结前完成。缸砖间缝隙宽度为3~5 mm,采用挤压方法使沥青胶结料挤入,再以胶结料填满。填缝前,缝隙内应予清扫并使其干燥。

e.地砖的铺设,如图5.16所示。

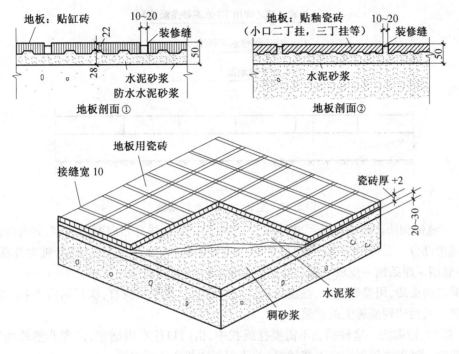

图5.16 地砖的铺设

⑥勾缝。面层铺贴应在一天内进行擦缝、勾缝工作,并且应采用同品种、同强度等级、同颜色的水泥。宽缝一般在 8 mm 以上,采用勾缝。如果纵横缝为干挤缝,或小于 3 mm 者,应用擦缝。

a.勾缝。用 1∶1 水泥细砂浆勾缝,勾缝用砂应以窗纱过筛,要求缝内砂浆密实、平整、光滑,勾好后要求缝成圆弧形,凹进面砖外表面 2 ~ 3 mm。随勾随清走剩余水泥砂浆,并擦净。

b.擦缝。如设计要求不留缝隙或者缝隙很小时,则要求接缝平直,在铺实修整好的砖面层上用浆壶往缝内浇水泥浆,然后用干水泥撒在缝上,再以棉纱团擦揉,将缝隙擦满。最后将面层上的水泥浆擦干净。

⑦踢脚板。踢脚板用砖,通常采用与地面块材同品种、同规格、同颜色的材料,踢脚板的立缝应与地面缝对齐,在铺设时应在房间墙面两端头阴角处各镶贴一块砖,出墙厚度及高度应符合设计要求,以此砖上楞为标准挂线,开始铺贴,砖背面朝上抹黏结砂浆(配合比为1∶2水泥砂浆),使砂浆粘满整块砖为宜,及时将其粘贴在墙上,砖上楞要跟线并立即拍实,随之将挤出的砂浆刮掉。把面层清擦干净(在粘贴前,砖块材要浸水晾干,墙面刷水湿润)。

第64讲 地砖地面镶铺

在清理好的地面上,找好规矩和泛水,扫一道水泥浆,再按照地面标高留出缸砖或水泥砖的厚度,并做灰饼。用 1∶(3~4)干硬性水泥砂浆(砂子为粗砂)冲筋、装档以及刮平,厚约 2 cm,刮平时砂浆要拍实(图5.17)。

在铺砌缸砖或水泥砖之前,应将砖用水浸泡两三个小时,然后取出晾干后使用。铺贴面层砖前,在找平层上撒一层干水泥面,洒水后随即铺贴。面层铺砌有下列两种方法:

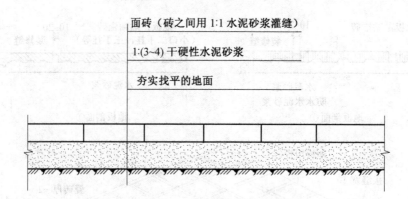

图 5.17　缸砖、水泥砖地面镶铺

（1）留缝铺砌法。根据排砖尺寸挂线，一般由门口或中线开始向两边铺砌，如有镶边，应先铺贴镶边部分。在铺贴时，在已铺好的砖上垫好木板，人站在板上往里铺，铺时先撒水泥干面，横缝用米厘条铺一皮放一根，竖缝按照弹线走齐，随铺随清理干净。

已铺好的面砖，用喷壶浇水，在浇水前、应进行拍实、找平和找直，次日后以 1：1 的水泥砂浆灌缝。最后清理面砖上的砂浆。

（2）碰缝、铺砌法。这种铺法不需要挂线找中，由门口往室内铺砌，出现非整块面砖时，需进行切割。铺砌之后用素水泥浆擦缝，并将面层砂浆清洗干净。

在常温条件下，铺砌一天后浇水养护三四天，在养护期间不能上人。

第65讲　瓷砖地面铺砌

（1）在清理好的地面上，找好规矩和泛水，将水泥浆扫好，再按地面标高留出瓷砖厚度，并做灰饼，用 1：（3～4）干硬性水泥砂浆（砂为粗砂）冲筋、装档，刮平厚约为 2 cm，刮平时砂浆要拍实（图 5.18）。

（2）铺瓷砖时，在刮好的底子灰上撒一层薄薄的素水泥，稍洒点水，然后以水泥浆涂抹瓷砖背面，约 2 mm 厚，一块一块地由前往后退着贴，贴每块砖时，用小铲的木把轻轻锤击，铺好之后用小锤拍板拍击一遍，再用开刀及抹子将缝拨直，再拍击一遍，将表面灰扫掉，用棉丝擦净。

（3）留缝的做法是，刮好底子，撒上水泥后按照分格的尺寸弹上线。铺好一皮，横缝将分格条放好，竖缝按线走齐，并且随时清理干净，分格条随铺随起。

（4）铺完之后第二天用 1：1 水泥砂浆勾缝。

（5）在地面铺完后一天，严禁被水浸泡。露天作业应有防雨措施。

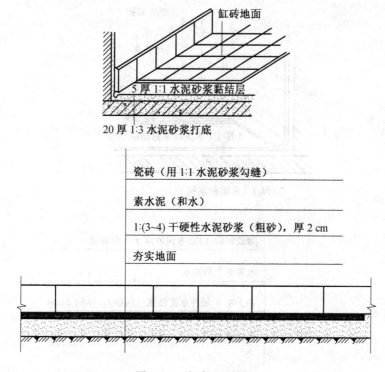

图 5.18　瓷砖地面铺砌

第 66 讲　陶瓷棉砖地面镶嵌

(1)在清理好的地面上,找好规矩和泛水,将水泥浆扫好,再按地面标高留出陶瓷锦砖厚度做灰饼,用 1：(3～4)干硬性水泥浆(砂为粗砂)冲筋、刮平厚约为 2 cm,刮平时砂浆要拍实(图 5.19)。

(2)刮平后撒上一层水泥面,再稍洒水(不可太多)把陶瓷锦砖铺上。两间相通的房屋,应从门口中间拉线,先铺好一张然后往两面铺;单间的由墙角开始(如房间稍有不方正时,在缝里分匀)。有图案的按图案铺贴。铺好后以小锤拍板将地面普遍敲一遍,再用扫帚淋水,约 0.5 h 后将护口纸揭掉。

(3)揭纸后依次用 1：2 水泥砂子干面灌缝、拨缝,灌好之后用小锤拍板敲一遍用抹子或开刀将缝拨直;最后用 1：1 水泥砂子(砂子均要过窗纱筛)干面扫入缝中扫严,扫净余灰砂,用锯末将面层扫干净成活。

(4)陶瓷锦砖宜整间一次镶铺。若一次不能铺完,须将接槎切齐,余灰清理干净。

(5)交活后第二天铺上干锯末养护,3～4 d 后方能上人,但禁止敲击。

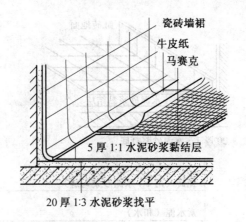

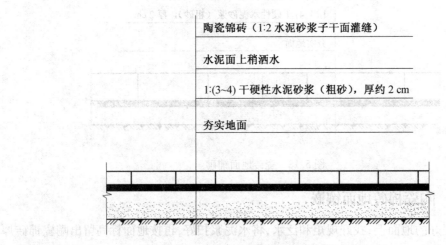

图5.19　陶瓷锦砖地面镶嵌

第6章　外墙面装修工程施工细部做法

6.1　金属幕墙安装

第67讲　幕墙构件、金属板加工制作

（1）构件加工制作。

①幕墙的金属构件加工制作应符合以下规定：

a. 幕墙结构杆件截料前应进行校直调整。

b. 幕墙横梁长度的允许偏差应为±0.5 mm，立柱长度的允许偏差应为±1.0 mm，端头斜度的允许偏差应为−15′。

c. 截料端头不得因加工而变形，并不应有毛刺。

d. 孔位的允许偏差应为±0.5 mm，孔距的允许偏差应为±0.5 mm，累计偏差不得大于±1.0 mm。

e. 铆钉的通孔尺寸偏差应符合现行国家标准《紧固件 铆钉用通孔》（GB 152.1—1988）的规定。

f. 沉头螺钉的沉孔尺寸偏差应符合现行国家标准《紧固件沉头螺钉用沉孔》（GB 152.2—2014）的规定。

g. 圆柱头螺栓的沉孔尺寸应符合现行国家标准《紧固件圆柱头螺栓用沉孔》（GB 152.3—1988）的规定；螺钉孔的加工应符合设计要求。

②幕墙构件中槽、豁、榫的加工应符合下列规定：

a. 构件铣槽尺寸允许偏差应符合表6.1的规定。

表6.1　铣槽尺寸允许偏差　　　　　　　　　　　　　　　　（单位：mm）

项　目	a	b	c
允许偏差	+0.5 0.0	+0.5 0.0	±0.5

b. 构件铣豁尺寸允许偏差应符合表6.2的规定。

表6.2　铣豁尺寸允许偏差　　　　　　　　　　　　　　　　（单位：mm）

项　目	a	b	c
允许偏差	+0.5 0.0	+0.5 0.0	±0.5

c. 构件铣榫尺寸允许偏差应符合表6.3的规定。

表6.3　铣榫尺寸允许偏差 （单位:mm）

项　目	a	b	c
允许偏差	0.0 +0.5	0.0 +0.5	±0.5

③幕墙构件装配尺寸允许偏差应符合表6.4的规定。

表6.4　构件装配尺寸允许偏差 （单位:mm）

项目	构件长度	允许偏差
槽口尺寸	≤2 000	±2.0
	>2 000	±2.5
构件对边尺寸差	≤2 000	≤2.0
	>2 000	≤3.0
构件对角尺寸差	≤2 000	≤3.0
	>2 000	<3.5

④钢构件应符合现行国家标准的有关规定。钢构件表面防锈处理应符合现行国家标准《钢结构工程施工质量验收规范》(GB 50205—2001)的有关规定。

⑤钢构件焊接、螺栓连接应符合国家现行标准《钢结构设计规范》(GB 50017—2003)及有关规定。

(2)金属板加工制作。

①金属板材的品种、规格及色泽应符合设计要求;铝合金板材表面氟碳树脂涂层厚度应符合设计要求。

②金属板材加工允许偏差应符合表6.5的规定。

③单层铝板的加工应符合下列规定:

a.单层铝板弯折加工时,弯折外圆弧半径不应小于板厚的1.5倍。

b.单层铝板加颈肋的固定可采用电栓钉,但应确保铝板外表面不变形、褪色,固定应牢固。

c.单层铝板的固定耳子应符合设计要求,固定耳子可采用焊接、铆接或铝板上直接冲压而成,并应位置准确,调整方便,固定牢固。

d.单层铝板构件周边应采用铆接、螺栓或胶粘与机械连接相结合的形式固定,并应做到构件刚性好,固定牢固。

表6.5　金属板材加工允许偏差 （单位:mm）

项目	构件长度	允许偏差
边长	≤2 000	±2.0
	>2 000	±2.5
对边尺寸	≤2 000	≤2.5
	>2 000	<3.0

续表 6.5

项目	构件长度	允许偏差
对角线长度	≤2 000	2.5
	>2 000	≤3.0
弯折高度		≤1.0
平面度		≤2/1 000
孔的中心距		±1.5

④铝塑板的加工应符合下列规定：

a.在切割铝塑复合板内层铝板和聚乙烯塑料时,应保留不小于0.3 mm厚的聚乙烯塑料,并不得划伤外层铝板的内表面。

b.打孔、切口等外露的聚乙烯塑料及角缝,应采用中性硅酮耐候密封胶密封。

c.在加工过程中铝塑复合板严禁与水接触。

⑤蜂窝铝板的加工应符合下列规定：

a.应根据组装要求决定切口的尺寸和形状,在切除铝芯时不得划伤蜂窝铝板外层铝板的内表面;各部位外层铝板上,应保留0.3~0.5 mm的铝芯。

b.直角构件的加工,折角应弯成圆弧状,角缝应采用硅酮耐候密封胶密封。

c.大圆弧角构件的加工,圆弧部位应填充防火材料。

d.边缘的加工,应将外层铝板折合180°,并将铝芯包封。

⑥金属幕墙的女儿墙部分,应用单层铝板或不锈钢板加工成向内倾斜的盖顶。

⑦金属幕墙吊挂件、安装件应符合下列规定：

a.单元金属幕墙使用的吊挂件、支撑件,宜采用铝合金件或不锈钢件,并应具备可调整范围。

b.单元幕墙的吊挂件与预埋件的连接,应用穿透螺栓。

c.铝合金立柱的连接部位的局部壁厚不得小于5 mm。

第68讲　金属幕墙安装

(1)金属幕墙立柱安装。

①立柱安装标高偏差不应大于3 mm,轴线前后偏差不应大于2 mm,左右偏差不应大于3 mm。

②相邻两根立柱安装标高偏差不应大于3 mm,同层立柱的最大标高偏差不应大于5 mm,相邻两根立柱的距离偏差不应大于7 mm。

(2)金属幕墙横梁安装。

①应将横梁两端的连接件及垫片安装在立柱的预定位置,并应安装牢固,其接缝应严密。

②相邻两根横梁的水平标高偏差不应大于1 mm。同层标高偏差:当一幅幕墙宽度小于或等于35 m时,不应大于5 mm;当一幅幕墙宽度大于35 m时,不应大于7 mm。

(3)金属板安装。

①应对横竖连接件进行检查、测量、调整。

②金属板安装时,左右、上下的偏差不应大于1.5 mm。

③金属板宽缝安装时,必须有防水措施,并应有符合设计要求的排水出口。

④填充硅酮耐候密封胶时,金属板缝的宽度、厚度应根据硅酮耐候密封胶的技术参数,经计算确定。

6.2　玻璃幕墙安装

第69讲　构件式玻璃幕墙

(1)工艺流程。

测量放线、预埋件检查→横梁、立柱装配→楼层紧固件安装→安装立柱并抄平、调整→安装横梁→安装保温镀锌钢板→在镀锌钢板上焊铆螺钉→安装层间保温矿棉→安装防火材料、楼层封闭镀锌板→安装玻璃窗密封条、卡→安装玻璃→安装侧压板→镶嵌密封条→安装玻璃幕墙铝盖板→清扫验收、交工。

(2)施工操作要点。

①测量放线、预埋件检查

a. 在工作层上放出 X、Y 轴线,以激光经纬仪依次向上定出轴线。

b. 依据各层轴线定出楼板预埋件的中心线,并用经纬仪垂直逐层校核,定各层连接件的外边线。

c. 分格线放完后,检查预埋件的位置,不满足要求的应进行调整或预埋件补救处理。

d. 高层建筑的测量应在风力不大于 4 级的情况下进行,每天定时对玻璃幕墙的垂直和立柱位置进行校核。

②横梁、立柱装配。可以在室内进行。

a. 装配竖向主龙骨紧固件间的连接件、横向次龙骨的连接件。

b. 安装镀锌钢板、主龙骨间接头的内套管、外套管以及防水胶等。

c. 装配横向次龙骨和主龙骨连接的配件及密封橡胶、垫等。

③楼层紧固件安装。紧固件与每层楼板连接如图6.1所示。

④立柱、横梁安装。

a. 安装立柱。通过紧固件和每层楼板连接。

b. 立柱每安装完一根,即用水平仪调平、固定。全部立柱安装完毕之后,复验其间距、垂直度。在紧固后及时拆除临时固定螺栓。

c. 立柱安装轴线偏差不大于 2 mm,相邻两根标高偏差不大于 3 mm;同层立柱的最大标高偏差不大于 5 mm,相邻两根立柱固定点的距离偏差不大于 2 mm,立柱安装就位、调整后及时紧固。

d. 安装横梁。横梁安装牢固,设计中横梁和立柱间留有空隙时,空隙宽度应符合设计要求。水平方向拉通线,通过连接件与立柱连接。

e. 同一楼层横梁安装应由下而上进行,安装完一层及时检查、调整、固定。

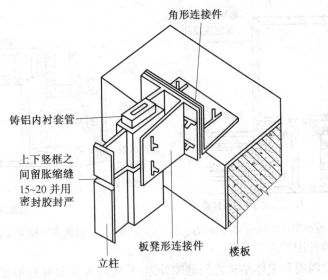

图 6.1 立柱与楼层连接

f. 同一根横梁两端或相邻两根横梁的水平标偏差不大于 1 mm,同层标高偏差:当一幅幕墙宽度≤35 m 时,不应大于 5 mm;当一幅幕墙宽度>35 m 时,不应大于 7 mm。安装完成一层高度时,应及时进行检查、校正和固定。

⑤防火材料等其他附件安装。

a. 有热工要求的幕墙,保温部分宜从内向外安装。当采用内衬板时,四周应套装弹性橡胶密封条,内衬板和构件接缝应严密;内衬板就位后,即进行密封处理。

b. 防火、保温材料应铺设平整且可靠固定,拼接处不应留缝隙。

c. 冷凝水排出管及其附件应与水平构件预留孔连接严密,与内衬板出水孔连接处应密封。

d. 其他通气槽孔及雨水排出口等应按设计要求施工,不得遗漏。

e. 封口应按设计要求进行封闭处理。

f. 采用现场焊接或高强螺栓紧固的构件,应在紧固后及时进行防锈处理。

⑥玻璃安装。

a. 玻璃安装前应进行表面清洁。除设计另有要求外,应将单片阳光控制镀膜玻璃的镀膜面朝向室内,非镀膜面朝向室外。

b. 按规定型号选用玻璃四周的橡胶条,其长度宜比边框内槽口长 1.5% ~2%;橡胶条斜面断开后应拼成预定的设计角度,并应采用黏结剂黏结牢固;镶嵌应平整。

c. 立柱处玻璃安装。在内侧安上铝合金压条,把玻璃放入凹槽内,再用密封材料密封,如图 6.2 所示。

d. 横梁处玻璃安装。安装构造如图 6.3 所示,外侧应用一条盖板封住。

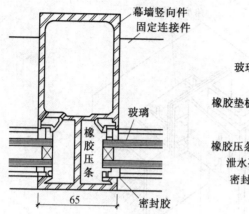

图6.2　玻璃幕墙立柱安装玻璃构造　　　图6.3　玻璃幕墙横梁安装玻璃构造

⑦侧压板等外围护组件安装。

a.玻璃幕墙四周和主体结构之间缝隙处理:采用防火保温材料填塞,内外表面采用密封胶连续封闭。

b.压顶部位处理。

挑檐处理:用封缝材料将幕墙顶部和挑檐下部之间的间隙填实,并在挑檐口做滴水。

封檐处理:用钢筋混凝土压檐或者轻金属顶盖盖顶,如图6.4所示。

c.收口处理。

立柱侧面收口处理如图6.5所示。

横梁与结构相交部位收口处理如图6.6所示。

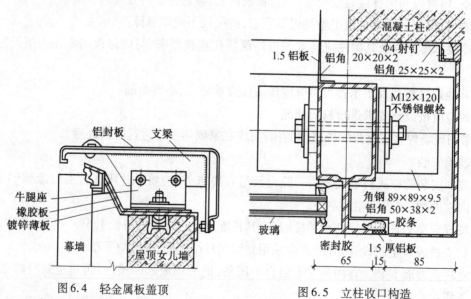

图6.4　轻金属板盖顶　　　　　　　图6.5　立柱收口构造

d.硅酮建筑密封胶不宜在夜晚、雨天打胶,打胶温度应符合设计要求和产品要求,打胶前应使打胶面清洁、干燥。硅酮建筑密封胶的施工应符合下列要求:

ⅰ.硅酮建筑密封胶的施工厚度应大于3.5 mm,施工宽度不宜小于施工厚度的2倍;较深的密封槽口底部应采用聚乙烯发泡材料填塞;

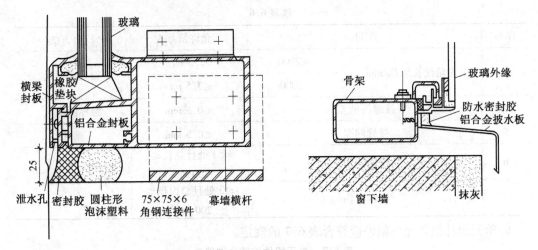

图 6.6 横梁与结构相交部位收口

ⅱ. 硅酮建筑密封胶在接缝内应面对面黏结,不应三面黏结。

⑧玻璃面板及铝框的清洁。

a. 玻璃和铝框黏结表面的尘埃、油渍以及其他污物,应分别使用带溶剂的擦布和干擦布清除干净。

b. 应在清洁后 1 h 之内进行注胶;注胶前再度污染时,应重新清洁。

c. 每清洁一个构件或一块玻璃,应更换清洁的干擦布。

d. 使用溶剂清洁时,不应把擦布浸泡在溶剂里,应将溶剂倾倒在擦布上。

e. 使用及贮存溶剂,应采用干净的容器。

第 70 讲 单元式玻璃幕墙

(1)工艺流程。

加工车间加工、组装幕墙单元板块→检查验收幕墙单元板→幕墙单元板块运往现场测量放线→检查预埋 T 形槽位置→牛腿安装→将 V 形和 W 形胶带大致挂好→起吊幕墙并垫减振胶垫→紧固螺钉,调整幕墙平直→塞入和热压接防风带→安设室内窗台板、内扣板等→填塞防火、保温材料。

(2)施工操作要点。

①检查验收幕墙单元板。

a. 单元组件框加工制作允许尺寸偏差应符合表 6.6 的规定。

表 6.6 单元组件框加工制作允许尺寸偏差

序号	项目		允许偏差	检查方法
1	框长(宽)度/mm	≤2 000	±1.5 mm	钢尺或板尺
		>2 000	±2.0 mm	
2	分格长(宽)度/mm	≤2 000	±1.5 mm	钢尺或板尺
		>2 000	±2.0 mm	

续表6.6

序号	项目		允许偏差	检查方法
3	对角线长度差/mm	≤2000	>2.5 mm	钢尺或板尺
		>2000	≤3.5 mm	
4	接缝高低差		≤0.5 mm	游标深度尺
5	接缝间隙		≤0.5 mm	塞片
6	框面划伤		≤3处且总长≤ 100 mm	—
7	框料擦伤		≤3处且总面积≤ 200 mm²	—

b. 单元组件组装允许偏差应符合表6.7的规定。

表6.7　单元组件组装允许偏差

序号	项目		允许偏差/mm	检查方法
1	组件长度、宽度 /mm	≤2 000	±1.5	钢尺
		>2 000	±2.0	
2	组件对角线 长度差/mm	≤2 000	≤2.5	钢尺
		>2000	≤3.5	
3	胶缝宽度		+1.0 0	卡尺或钢板尺
4	胶缝厚度		+0.5 0	卡尺或钢板尺
5	各搭接量 （与设计值比）		+1.0 0	钢板尺
6	组件平面度		≤1.5	1 m靠尺
7	组件内镶板间接缝宽度 （与设计值比）		±1.0	塞尺
8	连接构件竖向中轴线距组件外表面 （与设计值比）		±1.0	钢尺
9	连接构件水平轴线距组件 水平对插中心线		±1.0 （可上、下调节时±2.0）	钢尺
10	连接构件竖向轴线距组件 竖向对插中心线		±1.0	钢尺
11	两连接构件中心线水平距离		±1.0	钢尺
12	两连接构件上、下端水平距离差		±0.5	钢尺
13	两连接构件上、下端对角线差		±1.0	钢尺

②幕墙单元板块运往现场。

a. 运输前单元板块应顺序编号,并做好成品保护。

b. 装卸及运输过程中,应采用有足够承载力和刚度的周转架,衬垫弹性垫,保证板块相互隔开并相对固定,不得相互挤压和串动。

c. 超过运输允许尺寸的单元板块,应采取特殊措施。

d. 单元板块应按顺序摆放平衡,不应造成板块或型材变形。

e. 运输过程中,应采取措施减小颠簸。

③测量放线,参见构件式玻璃幕墙相关施工操作要点。

④检查预埋 T 形槽位置。预埋件应埋设在结构层上,预埋件中心距结构边缘应不小于 150 mm。

⑤牛腿安装。

a. 将螺钉穿入 T 形槽内,再把预埋件初次就位,并进行精确找正。

b. 按照建筑物轴线确定牛腿外表面的尺寸,用经纬仪测量平直,误差控制在±1 mm。

c. 用水平仪抄平牛腿标高,找正时标尺下端放置于牛腿减振橡胶平面上,误差控制在 ±1 mm。

d. 用钢尺测量牛腿间距,误差控制在±1 mm。

e. 牛腿初步就位时,把两个螺钉稍加紧固,待一层全部找正后再将其完全紧固,并把牛腿与 T 形槽接触部分焊接。

f. 所有焊接部位补刷防锈油漆。

⑥起吊幕墙。

a. 幕墙吊装应从下逐层向上进行。吊装之前将幕墙之间的 V 形和 W 形防风橡胶带暂时铺挂在外墙面上。

b. 幕墙吊到安装位置时,幕墙下端两块凹形轨道插入下层已安装好的幕墙上端的凸形轨道内,把螺钉通过牛腿孔穿入幕墙螺孔内,螺钉中间垫好两块减振橡胶圆垫。

c. 用六角螺栓将幕墙和上方的方管梁上焊接的两块定位块固定。

d. 单元吊装机具准备应符合以下要求:

ⅰ. 应根据单元板块选择适当的吊装机具,并与主体结构安装牢固。

ⅱ. 吊装机具使用前,应进行全面质量、安全检验。

ⅲ. 吊具设计应使其在吊装中与单元板块之间不产生水平方向分力。

ⅳ. 吊具运行速度应可控制,并有安全保护措施。

ⅴ. 吊装机具应采取防止单元板块摆动的措施。

e. 起吊和就位应符合下列要求:

ⅰ. 吊点和挂点应符合设计要求,吊点不应少于 2 个。必要时可增设吊点加固措施并试吊;

ⅱ. 起吊单元板块时,应使各吊点均匀受力,起吊过程应保持单元板块平稳;

ⅲ. 吊装升降和平移应使单元板块不摆动、不撞击其他物体;

ⅳ. 吊装过程应采取措施保证装饰面不受磨损和挤压;

ⅴ. 单元板块就位时,应先将其挂到主体结构的挂点上,板块未固定前,吊具不得拆除。

⑦校正及固定幕墙。

a. 单元板块就位后,应及时校正,通过紧固螺栓、加垫等方法进行水平、垂直、横向三个方向调整。

b. 单元板块校正后,应及时与连接部位固定,并应进行隐蔽工程验收。

c. 当采用自攻螺钉连接单元组件框时,每处螺钉不应少于 3 个,螺钉直径不应小于 4 mm。螺钉孔最大内径、最小内径和拧入扭矩应符合表 6.8 的要求。

表 6.8　螺钉孔内径和扭矩要求

螺钉公称直径/mm	孔径/mm		扭矩/(N·m)
	最小	最大	
4.2	3.430	3.480	4.4
4.6	4.015	4.065	6.3
5.5	4.735	4.785	10.0
6.3	5.475	5.525	13.6

d. 单元式幕墙安装允许偏差应符合表 6.9 的要求。

表 6.9　单元式幕墙安装允许偏差

序号	项目		允许偏差	检查方法
1	竖缝及墙面垂直度	幕墙高度 $H \leqslant 30$	≤10	激光经纬仪或经纬仪
		$30 < $幕墙高度$ H \leqslant 60$	≤15	
		$60 < $幕墙高度$ H \leqslant 90$	≤20	
		幕墙高度 $H > 90$	≤25	
2	幕墙平面度		≤2.5	2 m 靠尺、钢板尺
3	竖缝直线度		≤2.5	2 m 靠尺、钢板尺
4	横缝直线度		≤2.5	2 m 靠尺、钢板尺
5	缝宽度(与设计值比)		±2	卡尺
6	耐候胶缝直线度	$L \leqslant 20$ m	1	钢尺
		20 m$ < L \leqslant 60$ m	3	
		60 m$ < L \leqslant 100$ m	6	
		$L > 100$ m	10	
7	两相邻面板之间接缝高低差		≤1.0	深度尺
8	同层单元组件标高	宽度不大于 35 m	≤3.0	激光经纬仪或经纬仪
		宽度大于 35 m	≤5.0	
9	相邻两组件面板表面高低差		≤1.0	深度尺
10	两组件对插件接缝搭接长度(与设计值比)		±1.0	卡尺
11	两组件对插件距槽底距离(与设计值比)		±1.0	卡尺

e. 单元板块固定后,方可拆除吊具,并应及时清洁单元板块的型材槽口。

f. 单元板块的构件连接应牢固,构件连接处的缝隙应采用硅酮建筑密封胶密封,施工应符合下列要求:

ⅰ. 硅酮建筑密封胶的施工厚度应不大于 3.5 mm,施工宽度不宜小于施工厚度的 2 倍; 较深的密封槽口底部应采用聚乙烯发泡材料填塞;

ⅱ. 硅酮建筑密封胶在缝内应面对面黏结,不应三面黏结。

⑧塞焊胶带。

a. 用 V 形和 W 形橡胶带封闭幕墙之间的间隙,胶带两侧的圆形槽内,用一条 φ6 mm 圆胶棍将胶带与铝框固定。

b. 垂直和水平接口处,可用专用热压胶带电炉将胶带加热后压为一体。

⑨填塞防火、保温材料。

a. 空隙上封铝合金装饰板,下封大于缝 0.8 mm 厚的镀锌钢板,并可在幕墙后面粘贴黑色非燃织品。

b. 轻质耐火材料与幕墙内侧锡箔纸接触部位应黏结严实,不得有间隙,不得松动。

第71讲　全玻幕墙

(1)工艺流程。

放线定位→上部承重钢构件(主支承器)安装→下部和侧边边框安装→安装玻璃吊夹→面玻璃安装→粘贴玻璃肋→注密封胶→清扫。

(2)施工操作要点。

①放线定位。参见构件式玻璃幕墙施工操作要点。

②上部承重钢构件(主支承器)安装。

a. 检查预埋件或锚固钢板的位置。

b. 安装承重钢横梁,其中心线应和幕墙中心线相一致,椭圆螺孔中心要与设计的吊杆螺栓位置一致。

c. 内金属扣夹安装。安装时应分段拉通线校核,对焊接导致的偏位应及时进行调直。

d. 外金属扣夹安装。先按编号对号入座试拼装,并应与内金属扣夹间距一致。

e. 尺寸符合设计后进行焊接,并且涂刷防锈漆。

③下部和侧边边框安装。

a. 安装固定角码。

b. 临时固定钢槽,依据水平和标高控制线调整好钢槽的水平高低精度。

c. 检查合格后进行焊接固定。

d. 每块玻璃的下部应放置不少于 2 块氯丁橡胶垫块,垫块宽度同槽口宽度,长度不应小于 100 mm。

④安装玻璃吊夹(吊挂式全玻幕墙)。按照设计要求和图纸位置用螺栓将玻璃吊夹与预埋件或上部钢架连接。检查吊夹与玻璃低槽的中心位置对应与否,吊夹是否调整。

⑤玻璃安装。

a. 检查玻璃质量,注意是否有裂纹和崩边,吊夹铜片位置是否正确。用记号笔标注玻璃的中心位置。

b. 安装电动吸盘机,使其定位。

c. 试起吊。将玻璃吊起 2~30 mm,检查各个吸盘是否牢固地吸附玻璃。

d. 在玻璃适当位置安装手动吸盘、拉缆绳索以及侧边保护胶套。在安装玻璃处上下边框的内侧粘贴低发泡间隔方胶条,并且注意留出足够的注胶厚度。

e. 吊车将玻璃移近就位位置,使玻璃对准位置慢慢靠近。

f. 上层工人把握好玻璃,以防玻璃碰撞钢架;下层各工位工人握住手动吸盘,并将拼缝一侧的保护胶套摘去。利用吊挂电动吸盘的手动倒链把玻璃徐徐吊高,使玻璃下端超出下部边框少许。下部工人及时将玻璃轻轻拉入槽口,并以木板隔挡。

g. 安装玻璃吊夹具,将吊杆螺栓放置在钢横梁上的定位位置。反复调节杆螺栓,使玻璃提升并就位。

h. 安装上部外金属扣夹之后,填塞上下边框外部槽口内的泡沫塑料圆条固定玻璃。

i. 全玻幕墙安装时应注意:

ⅰ. 全玻幕墙安装前,应清洁镶嵌槽;中途暂停施工时,应对槽口采取保护措施。

ⅱ. 全玻幕墙安装过程中,应随时检测和调整面板、玻璃肋的水平度和垂直度,使墙面安装平整。

ⅲ. 每块玻璃的吊夹应位于同一平面,吊夹的受力应均匀。

ⅳ. 全玻幕墙玻璃两边嵌入槽口深度及预留空隙应符合设计要求,左右空隙尺寸宜相同。

⑥粘贴玻璃肋。

a. 把相应规格的玻璃肋搬入就位位置。

b. 将玻璃肋粘贴处清理干净,涂上胶,人工将玻璃肋就位到上部和下部的边框槽内。

c. 校正垂直和水平位置把玻璃肋推向两玻璃拼缝处,使之粘贴牢固。

d. 拼缝处注胶、清理。

⑦注密封胶。

a. 所有注胶部位的玻璃与金属表面都要用丙酮或专用清洁剂擦拭干净,不能用湿布和清水擦洗,注胶部位表面必须干燥。

b. 沿胶缝位置粘贴胶带纸带,避免硅胶污染玻璃。

c. 注胶时内外同时进行,注胶匀厚、匀速,不夹气泡。

d. 注胶后用专用工具刮胶,使胶缝呈微凹曲面。耐候硅酮嵌缝胶的施工厚度应在 35 ~ 45 mm 之间,胶缝的宽度通过设计计算确定,最小宽度为 6 mm,常用宽度为 8 mm。

⑧表面清洁和验收。

a. 把玻璃内外表面清洗干净。

b. 再一次检查胶缝并进行必要的修补。

第72讲　点支承玻璃幕墙

(1)工艺流程。工厂进行支承钢结构(钢拉杆、钢索、圆钢和型钢等)制作→支承钢结构检验→测量放线→钢结构安装→爪件、拉索和支撑杆安装→玻璃安装→密封胶打注→清洁。

(2)施工操作要点。

①支承钢结构检验。

a. 钢构件拼装单元的节点位置允许偏差为±2.0 mm。

b. 构件长度、拼装单元长度的允许正、负偏差均可取长度的1/2 000。

c. 管件连接焊缝应沿全长连续、均匀、饱满、平滑、无气泡和夹渣;支管壁厚小于 6 mm 时可不切坡口;角焊缝的焊脚高度不宜大于支管壁厚的 2 倍。

②测量放线。

a.复查由土建方移交的基准线。

b.根据土建基准线和幕墙基准面进行预埋件的三维定位测量并弹上墨线,做好每个预埋件的三维坐标记录。

c.注意测量分段控制,防止误差积累,并应每天定时测量,测量时风力不应大于四级。

③钢结构安装。

a.确定主要构件的几何位置,将吊挂设备松开后做初步校正,检查构件的连接接头并紧固和焊接。

b.打磨焊缝,消除棱角及夹角,并喷涂防锈漆、防火漆等。

④爪件、拉索和支撑杆安装。

a.抓件安装。爪件安装前,应精确定出其安装位置。爪件应采用高抗张力螺栓、销钉、楔销固定。爪座安装的允许偏差应符合表 6.10 的规定。

表 6.10　支承结构安装技术要求

名　　　称	允许偏差/mm
相邻两竖向构件间距	±2.5
竖向构件垂直度	$l/1\,000$ 或 $\leqslant 5$,l 为跨度
相邻三竖向构件外表面平面度	5
相邻两爪座水平间距和竖向距离	±1.5
相邻两爪座水平高低差	1.5
爪座水平度	2
同层高度内爪座高低差:间距不大于 35 m	5
间距大于 35 m	7
相邻两爪座垂直间距	±2.0
单个分格爪座对角线差	4
爪座端面平面度	6.0

爪件在玻璃重力作用下系统产生位移时,应采取下列方法进行调整:

ⅰ.如果位移量较小,可通过驳接件自行适应,并考虑支撑杆有一个适当的位移能力。

ⅱ.如果位移量较大,可在结构上加上等同于玻璃重量的预加荷载,待钢结构位移后再逐渐安装玻璃。

b.拉索及支撑杆的安装。

ⅰ.拉索和支撑杆的安装顺序为:先上后下,先竖后横。具体步骤见表 6.11。

表 6.11　安装顺序

项目	安装
竖向拉索的安装	拉索从顶部结构开始挂索,并呈自由状态,全部竖向拉索安装结束后按先上后下的顺序进行调整,按尺寸控制逐层将支撑杆调整到位
横向拉索的安装	竖向拉索安装调整到位后连接横向拉索,向上后下逐层安放呈自由状态,全部安装结束后调整到位

ⅱ.支撑杆的定位、调整。支撑杆的定位、调整见表 6.12。

表 6.12　支承杆的定位、调整

项次	内容
1	在安装过程中按单元控制点为基准,对于每一个支撑杆的中心位置、杆件的安装定位几何尺寸进行校核,确保每个支撑杆的前端与玻璃平面保持一致
2	对索的长度进行调整,确保支撑连接杆与玻璃平面的垂直度

ⅲ. 拉杆和拉索预拉力的施加与检测。拉杆和拉索预拉力的施加与检测见表 6.13。

表 6.13　拉杆和拉索预拉力的施加与检测

项次	内容
1	钢拉杆和钢拉索安装时,必须按照设计要求施加预拉力,并宜设置预拉力调节装置;预拉力宜采用测力计测定。采用扭力扳手施加预拉力时,应事先进行标定
2	施加预拉力应以张拉力为控制量;拉杆、拉索的预拉力应分次、分批对称张拉;在张拉过程中,应对拉杆、拉索的预拉力随时调整
3	张拉前必须对构件、锚具等进行全面检查,并应签发张拉通知单。张拉通知单应包括张拉日期、张拉分批次数、每次张拉控制力、张拉用机具、测力仪器及使用安全措施和注意事项
4	应建立张拉记录
5	拉杆、拉索实际施加的预拉力值应考虑施工温度的影响

⑤玻璃安装。

a. 安装前应检查校对钢结构的垂直度、标高以及横梁的高度和水平度等,特别应注意安装孔位的复查。

b. 用钢刷局部清洁槽钢表面及槽底泥土、灰尘等杂物,并且在底部 U 形槽对应玻璃支承面宽度边缘左右 1/4 处各装入氯丁橡胶垫块。

c. 清洁玻璃及吸盘上的灰尘,依据玻璃重量及吸盘规格确定吸盘个数。

d. 将支承头与玻璃在安装平台上装配好,再同支撑钢爪进行安装。

e. 现场组装后,应调整上下左右的位置,确保玻璃的水平偏差在允许范围内。

f. 玻璃全部调整好之后,应进行整体平整度检查,确认无误后,打胶密封。

⑥密封胶打注、清洁。全玻幕墙相关施工操作要点。

6.3　石材幕墙安装

第73讲　幕墙构件、石板加工制作

(1)构件加工制作。参见金属幕墙安装施工中构件加工制作。

(2)石板加工制作。

①加工石板应符合下列规定:

a. 石板连接部位应无崩坏、暗裂等缺陷;其他部位崩边不大于 5 mm×20 mm,或缺角不大于 20 mm 时可修补后使用,但每层修补的石板块数不应大于 2%,且宜用于立面不明显部位。

b. 石板的长度、宽度、厚度、直角、异型角、半圆弧形状、异型材及花纹图案造型、石板的外形尺寸均应符合设计要求。

　　c. 石板外表面的色泽应符合设计要求,花纹图案应按样板检查,石板周围不得有明显的色差。

　　d. 火烧石应按样板检查火烧后的均匀程度,火烧石不得有暗裂、崩裂情况。

　　e. 石板的编号应同设计一致,不得因加工造成混乱。

　　f. 石板应结合其组合形式,并应确定工程中使用的基本形式后进行加工。

　　g. 石板加工尺寸允许偏差应符合现行行业标准《天然花岗石建筑板材》(GB/T 18601—2001)的有关规定中一等品要求。

　　②钢销式安装的石板加工应符合下列规定:

　　a. 钢销的孔位应根据石板的大小而定。孔位距离边端不得小于石板厚度的 3 倍,也不得大于 180 mm;钢销间距不宜大于 600 mm;边长不大于 1.0 m 时每边应设 2 个钢销,边长大于 1.0 m 时应采用复合连接。

　　b. 石板的钢销孔的深度宜为 22 ~ 33 mm,孔径宜为 7 mm 或 8 mm,钢销直径宜为 5 mm或 6 mm,钢销长度宜为 20 ~ 30 mm。

　　c. 石板的钢销孔处不得有损坏或崩裂现象,孔径内应光滑、洁净。

　　③通槽式安装的石板加工应符合下列要求:

　　a. 石板的通槽宽度宜为 6 mm 或 7 mm,不锈钢支撑板厚度不宜小于 3.0 mm,铝合金支撑板厚度不宜小于 4 mm。

　　b. 石板干槽后不得有损坏或崩裂现象,槽口应打磨成 45°倒角;槽内应光滑、洁净。

　　④短槽式安装的石板加工应符合下列规定:

　　a. 每块石板上下边应各开两个短平槽,短平槽的长度不应小于 100 mm,在有效长度内槽深不宜小于 15 mm;开槽宽度宜为 6 mm 或 7 mm;不锈钢支撑板厚度不宜小于 3 mm,铝合金支撑板厚度不宜小于 4 mm。弧形槽的有效长度不应小于 80 mm。

　　b. 两短槽边距离石板两端部的距离不应小于石板厚度的 3 倍且不应小于 85 mm,也不应大于 180 mm。

　　c. 石板开槽后不得有损坏或崩裂现象,槽口应打磨成 45°倒角,槽内应光滑、洁净。

　　⑤石板的转角宜采用不锈钢支撑件或铝合金型材专用件组装,并应符合下列规定:

　　a. 当采用不锈钢支撑件组装时,其厚度不应小于 3 mm。

　　b. 当采用铝合金型材专用件组装时,其壁厚不应小于 4.5 mm,连接部位的壁厚不应小于 5 mm。

　　⑥单元石板幕墙的加工组装应符合下列规定:

　　a. 有防火要求的全石板幕墙单元,应将石板、防火板、防火材料按设计要求组装在铝合金框架上。

　　b. 有可视部分的混合幕墙单元,应将玻璃板、石板、防火板及防火材料按设计要求组装在铝合金框架上。

　　c. 幕墙单元内石板之间可采用铝合金 T 形连接件连接;T 形连接件的厚度应根据石板的尺寸及重量经计算后确定,且其最小厚度不应小于 4 mm。

　　d. 幕墙单元内,边部石板与金属框架的连接,可采用铝合金 L 形连接件,其厚度应根据石板尺寸及重量经计算后确定,且其最小厚度不应小于 4 mm。

⑦石板经切割或开槽后均应将石屑用水冲净,石板与不锈钢挂件间应采用环氧树脂型石材专用结构胶黏结。

⑧已加工好的石板,应立放(角度不应小于85°)存于通风仓库内。

第74讲　石材幕墙安装

(1)金属骨架安装。

①依据施工放样图检查放线位置。

②安装固定竖框的铁件。

③先安装同立面两端的竖框,之后拉通线顺序安装中间竖框。

④将各施工水平控制线引至竖框上,并且用水平尺校核。

⑤按照设计尺寸安装金属横梁。横梁一定要垂直于竖框。

⑥如有焊接时,应对下方及邻近的已完工装饰面进行成品保护。焊接时要采用对称焊,以减少因焊接产生的变形。检查焊缝质量合格之后,所有的焊点、焊缝均需做去焊渣及防锈处理,如刷防锈漆等。

⑦待金属骨架完工之后,应通过监理公司对隐蔽工程检查后,方可进行下道工序。

(2)防火、保温材料安装。

①必须采用合格的材料,也就是要求有出厂合格证。

②在每层楼板与石板幕墙之间不能有空隙,应用镀锌钢板及防火棉形成防火带。

③幕墙保温层施工时,保温层最好应有防水、防潮保护层,以便于在金属骨架内填塞固定后严密可靠。

(3)石材饰面板安装。

①将运至工地的石材饰面板按编号分类,检查尺寸是否准确和有无破损、缺棱以及掉角,按施工要求分层次将石材饰面板运到施工面附近,并注意摆放可靠。

②先按照幕墙面基准线仔细安装好底层第一层石材。

③注意安放每层金属挂件的标高,金属挂件应紧托上层饰面板,而和下层饰面板之间留有间隙。

④安装时,要在饰面板的销钉孔或切槽口内注入石材胶(环氧树脂胶),以确保饰面板与挂件的可靠连接。

⑤安装时,宜先完成窗洞口四周的石材镶边,防止安装发生困难。

⑥安装至每一楼层标高时,要注意调整垂直误差,不积累。

⑦在搬运石材过程中,要有安全防护措施,摆放时下面要垫木方。

(4)嵌胶封缝。石材板间的胶缝为石板幕墙的第一道防水措施,同时也使石板幕墙形成一个整体。

①要按设计要求选用合格且未过期的耐候嵌缝胶。最好选用含硅油少的石材专用嵌缝胶,防止硅油渗透污染石材表面。

②用带有凸头的刮板填装泡沫塑料圆条,确保胶缝的最小深度和均匀性。选用的泡沫塑料圆条直径应稍大于缝宽。

③在胶缝两侧粘贴纸面胶带纸保护,以防止嵌缝胶迹污染石材板表面质量。

④用专用清洁剂或者草酸擦洗缝隙处石材板表面。

⑤派受过训练的工人注胶,注胶应均匀没有流淌,边打胶边用专用工具勾缝,使嵌缝胶成型后呈微弧形凹面。

⑥施工过程中要注意不能有漏胶污染墙面,如墙面上沾有胶液应立即擦去,并用清洁剂及时擦净余胶。

⑦在大风和下雨时不能注胶。

第7章 涂饰工程施工细部做法

7.1 内墙涂料施工

第75讲 多彩花纹内墙涂料施工

多彩花纹内墙涂料属于水包油型涂料,具有立体质感的彩色花纹,色调美观、豪华高雅、优异的耐水洗擦性、耐水性、耐碱性、高耐沾污及耐污渍性、抗菌防毒、低挥发性有机化合物(VOC)、施工方便等特点。饰面由底、中、面层涂料复合组成,可以使用于混凝土、抹灰面及石膏板面的内墙与顶棚。

(1)施工工艺流程:基层处理→填缝、局部刮腻子→磨平→第一遍满刮腻子→磨平→第二遍满刮腻子→磨光→除尘→涂刷底漆→中层喷涂→喷涂彩片→辊压→清理浮片→涂刷透明面漆。

(2)施工要点。

①基层处理。施工基层应清洁并充分干燥、结实,无油污、浮灰以及疏松等现象。如为新粉墙面,要求夏天养护10 d以上,冬天养护20 d以上方可施工。若为老墙面,必须彻底清除原墙面上的油污、石灰或者油漆与涂料,并彻底铲除疏松空鼓层。

②满刮腻子。第一遍应用胶皮刮板满刮,要求横向刮抹均匀、平整、光滑,密实平整,线角及边棱整齐为度。尽量刮薄,不得漏刮,接头不得留槎,注意不要沾污门窗框和其他部位,否则应及时清理。待第一遍腻子干透之后,用粗砂纸打磨平整。注意操作要平稳,保护棱角,磨后用棕扫帚清扫干净。

第二遍满刮腻子方法同第一遍,但刮抹方向同前遍腻子相垂直。然后用细砂纸打磨平整、光滑为止。

③涂刷底漆,底漆涂刷一道即可,涂刷之前应先将底漆搅拌均匀,涂刷时采用中长毛辊筒自上而下,自左而右进行,涂刷必须均匀,不准漏涂,特别是阴阳角部位必须用漆刷补到位。

④中层喷涂。

a.涂刷第一遍中层涂料。涂料在使用前应用手提电动搅拌枪充分搅拌均匀。若稠度较大,可适当加清水稀释,但是每次加水量需一致,不得稀稠不一。然后将涂料倒入托盘,用涂料滚子蘸料涂刷第一遍。滚子应横向涂刷,然后再纵向滚压,把涂料赶开、涂平。滚涂顺序通常为从上到下,从左到右,先远后近,先边角、棱角、小面后大面。要求厚薄均匀,避免涂料过多流坠。滚子涂不到的阴角处,需用毛刷补齐,不得漏涂。要随时将沾在墙上的滚子毛剔除。一面墙要一气呵成,避免接槎刷迹重叠现象,沾污到其他部位的涂料要用清水及时擦净。第一遍中层涂料施工后,一般需干燥4 h以上,才能进行下一道磨光工序。若遇天气潮湿,应适当延长间隔时间。然后,用细砂纸进行打磨,打磨时用力要轻而匀,并且不得磨穿涂层。磨后将表面清扫干净。

b. 第二遍中层涂料涂刷与第一遍相同,但不再磨光。涂刷之后,应达到一般乳胶漆高级刷浆的要求。

⑤喷涂彩片。

a. 因为基层材质、龄期、碱性、干燥程度不同,应预先在局部墙面上进行试喷,以确定基层与涂料的相容情况,并且同时确定合适的涂布量。

多彩涂料在使用之前要充分摇动容器,使其充分混合均匀,然后打开容器,用木棍充分搅拌。注意不可使用电动搅拌枪,防止破坏多彩颗粒。温度较低时,可在搅拌情况下,用温水加热涂料容器外部。但任何情况下均不可用水或有机溶剂稀释多彩涂料。

b. 喷涂时,喷嘴应始终保持同装饰表面垂直(尤其在阴角处),距离约为 $0.3 \sim 0.5$ m(根据装修面大小调整),喷嘴压力是 $0.2 \sim 0.3$ MPa,喷枪呈 Z 字形向前推进,横纵交叉进行。喷枪移动要平稳,涂布量要一致,不得时停时移,跳跃前进,防止发生堆料、流挂或漏喷现象。多彩涂料喷涂方法如图 7.1 所示。

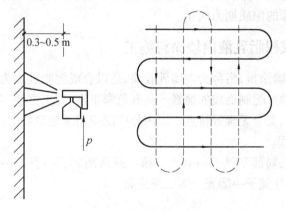

图 7.1　多彩涂料喷涂方法

为使喷涂效率和质量提高,喷涂顺序应为:墙面部位→柱面部位→顶面部位→门窗部位。该顺序应灵活掌握,以不增加重复遮挡及不影响已完成的饰面为准。飞溅到其他部位上的涂料应用棉纱随时清理。

c. 喷涂完成后,应用清水洗净料罐,然后灌上清水喷水,直到喷出的完全是清水为止。用水冲洗不掉的涂料,可以用棉纱蘸丙酮清洗。现场遮挡物可在喷涂完成后立即清除,注意不要破坏未干的涂层。遮挡物与装饰面连为一体时,要注意扯离方向,已趋于干燥的漆膜,应以小刀在遮挡物与装饰面之间划开,防止将装饰面破坏。

⑥涂刷透明面漆。

a. 彩片喷完干燥一天之后,必须用专用毛刷轻轻刷除涂层上未粘牢的彩片,方可涂刷透明面漆。

b. 涂刷透明面漆前先把面漆搅拌均匀,涂刷要求一道即可,涂刷时应自上而下,自左而右进行,涂刷方向与行程均应一致,涂刷应均匀,不得漏涂,不能有气泡。

(3)施工环境要求。

①对涂料施工有影响的其他土建和水电安装工程均要求已施工完毕。

②混凝土及抹灰墙面不得有起皮、起砂以及松散等缺陷,含水率小于10%(包括各种洞

口抹平之后的含水率）。正常温度气候条件下,通常抹灰面龄期不得少于 14 d,混凝土基材龄期不得少于 1 个月。

③施工场地清洁,无损伤或者污染涂料面层的隐患。否则,应有可靠的防护措施。

④施工环境温度应高于 15 ℃。

⑤已完工的楼(地)面、踢脚板,应预先加以覆盖;室内水、电、暖、卫设施及门窗等都需进行必要的遮挡。

⑥施工现场不应有明火。

（4）施工注意事项。

①如果换喷另一种色号的彩片,必须先将喷枪空喷数分钟,清除喷枪及吸料管内可能残余的其他彩片,以免导致混色。

②涂刷专用中涂和喷彩片之前,应先关闭门窗,施工人员必须严格按要求进行施工。

③腻子、底漆、专用中涂及面漆的施工温度必须在 5 ℃ 以上、湿度小于 85%,并且不得掺入其他有机溶剂,防止破坏涂料成分。低温时注意防冻,贮存适宜温度为 0 ~ 40 ℃。腻子、底漆、专用中涂及面漆的保质期为两年。

第76讲　合成树脂乳液内墙涂料施工

合成树脂乳液内墙涂料,俗称为内墙乳胶漆,是以合成树脂乳胶为基料,与颜料、填料研磨分散后,加入各种助剂配制而成的涂料。具有色彩丰富、施工方便、与基层附着良好、干燥快、易于翻新、耐擦洗、安全无毒等特点。国内外广泛应用于建筑物的内墙装饰。

（1）施工工艺流程。

基层处理→填缝、局部刮腻子→磨平→第一遍满刮腻子→磨平→第二遍满刮腻子→磨平→第一遍涂料→复补腻子→磨光→第二遍涂料。

（2）施工要点。

①基层处理。先除去表面的灰尘、浮渣等杂物,表面有油污,应及时用清洗剂和清水洗净,干燥后再用棕刷把表面灰尘清扫干净。

②填缝、局部刮腻子。将墙面麻面、蜂窝以及洞眼等残缺用腻子补好。

③磨平。等腻子干透之后,用开刀将凸起的腻子铲开,用粗砂纸磨平。

④第一遍满刮腻子。先用胶皮刮板满刮第一遍腻子,要求横向刮抹平整、光滑、均匀、密实,线角及边棱整齐。满刮时,不漏刮,接头不留槎。不沾污门窗框和其他部位,沾污部位及时清理。腻子干透之后用粗砂纸打磨平整。

⑤第二遍满刮腻子与第一遍方向垂直,方法相同,干透之后用细砂纸打磨平整、光滑。

⑥涂刷乳胶。涂刷之前用手提电动搅拌枪将涂料搅拌均匀,如稠度较大,可加清水稀释,但稠度应控制,不得稀稠不匀。滚涂不到的阴角处,需用毛刷补齐,不得有漏涂。要随时剔除墙上的滚子毛。一面墙面要一气呵成,防止出现接槎刷迹重叠,沾污到其他部位的乳胶要及时清洗干净。

⑦磨光。第一遍滚涂乳胶结束四小时之后,如果天气潮湿,四小时后未干,应延长间隔时间,待干后,用细砂纸磨光。

⑧涂刷乳胶一般为两遍,普通和高级涂饰根据情况加减遍数。每遍涂刷应厚薄一致,充分盖底,表面均匀。最后清理预先覆盖在踢脚板、水、暖、电、卫设备和门窗等部位的遮挡物。

除手工滚涂外,还可喷涂。喷涂顺序通常为墙→柱→顶→门窗,也可以根据现场需要变更,以不增加重复遮挡及不影响已完成饰面为原则来安排操作顺序。两遍喷涂之间应有足够间隔时间,以使第一遍乳胶漆干燥,间隔时间约为 6 h,通常喷两遍即可,亦可按质量要求适当增加遍数。

第 77 讲　聚乙烯醇水玻璃内墙涂料施工

(1)施工工艺流程:基层处理→涂刷→排笔→涂刷。

(2)施工要点。

①基层处理。

a. 对于大模混凝土墙面,虽比较平整,但存有水气泡孔,必须进行批嵌,或者采用 1 : 3 : 8(水泥 : 纸筋 : 珍珠岩砂)珍珠岩砂浆抹面。

b. 对于砌块和砖砌墙面用 1 : 3(石灰膏 : 黄砂)刮批,上粉纸筋灰面层,如有龟裂,应满批后方得涂刷。

c. 对旧墙面,应清除浮灰,保持光洁。表面如果有高低不平、小洞或缺陷处,要进行批嵌后再涂刷,以使整个墙面平整,确保涂料色泽一致,光洁平滑。批嵌用的腻子,通常采用 5% 羟甲纤维素加 95% 水,隔夜溶解成水溶液(简称为化学浆糊),再加老粉调和后批嵌。在喷刷过大白浆或干墙粉墙面上涂刷时,应先铲除干净(必要时要进行一度批嵌)后,方可涂刷,防止产生起壳、翘皮等缺陷。

②施工要点。

a. 涂料施工温度最好在 10 ℃以上,因为涂料易沉淀分层,使用时必须将沉淀在桶底的填料用棒充分搅拌均匀,方可涂刷,否则会导致桶内上面料稀薄,包料上浮,遮盖力差,下面料稠厚,填料沉淀,色淡易起粉。

b. 涂料的黏度随温度变化而变化,天冷黏度增加。在冬期施工如果发现涂料有凝冻现象,可适当进行水溶加温到凝冻完全消失之后,再进行施工。如果涂料确因蒸发后变稠的,施工时不易涂刷,切勿单一加水,可以采用胶结料(乙烯-醋酸乙烯共聚乳液)与温水(1 : 1)调匀后,适量加入涂料内以改善其可涂性,并做小块试验,检验其黏结力、遮盖力以及结膜强度。

c. 施工用的涂料,其色彩应完全一致,施工过程中应认真检查,发现涂料颜色不一致,应分别堆放。如果使用两种不同颜色的剩余涂料时,需充分搅拌均匀之后,在同一房间内进行涂刷。

d. 气温高,涂料黏度小,容易涂刷,可以用排笔;气温低,涂料黏度大,不易涂刷,用料要增加,宜用漆刷;也可第一遍用漆刷,第二遍用排笔,使涂层厚薄均匀,色泽一致。在操作时用的盛料桶宜用木制或者塑料制品,盛料前和用完后,连同漆刷、排笔用清水洗干净,妥善存放。漆刷、排笔亦可浸水存放,切忌接触油剂类材料,防止涂料涂刷时油缩、结膜后出现水渍纹,涂料结膜后,不能用湿布重揩。

第 78 讲　聚氨酯仿瓷涂料施工

聚氨酯涂料是以聚氨酯-丙烯酸树脂溶液为基料,配以成质钛白粉及助剂等而成的双组分固化型涂料。涂膜外观呈瓷质状,其耐酸碱性、耐沾污性、耐水性及耐候性等性能均较优异。可以涂刷在木质装饰面层、水泥砂浆面层和混凝土表面,也可作丙烯酸酯、环氧树脂以及聚合物水泥等不同中间层覆盖涂的罩面涂料,具有优良的保护及装饰效果。有的品种的底涂料为溶剂型,中层涂料为厚质水乳型并带凹凸花纹,可以做建筑物的高级外墙饰面。

(1)施工工艺流程:基层处理→填缝、局部刮腻子→磨平→第一遍满刮腻子→磨平→第二遍满刮腻子→磨平→施涂封底涂料→施涂主层涂料→滚压→第一遍面层涂料→第二遍面层涂料。

(2)施工要点。

聚氨酯覆层涂料的施工,基本原则为覆层涂饰一般为三层,即底涂、中涂以及面涂。

①基层处理。各类基层表面应平整、干燥、坚实、洁净,表面的蜂窝、麻面和裂缝等缺陷应采用相应的腻子嵌平。金属材料表面应除锈,有油渍斑污者,可以用汽油、二甲苯等溶剂清理。处理基层的腻子,通常要求用108胶水调制,也可用环氧树脂,但严禁与其他油漆混合使用。

②对于新抹水泥砂浆面层,其常温龄期应大于10 d,普通混凝土的常温龄期应大于20天,通常应待墙体含水率小于10%,方可进行墙面施工。

③施涂封底涂料。对于底涂的要求,各种产品不一,有的甚至不要求底涂,并可直接作为丙烯酸酯、环氧树脂及聚合物水泥等中间层的罩面装饰层;有的产品则包括底涂料,可采用刷、辊、喷等方法进行底漆。

④施涂主层涂料。中涂施工通常均要求采用喷涂。根据不同品种,将其甲乙组分进行辊合调制或直接采用套配中层涂料均匀喷涂,若涂料太稠时,可加入配套溶剂或醋酸丁酯进行稀释,有的则无须加入稀释剂。

⑤第一遍面层涂料:罩面涂施,通常可用喷涂、滚涂和刷涂随意选择,涂层施工的间隔时间视涂料品种而定,通常都在2~4小时。对于现场以甲乙组分配制的混合涂料,通常要在规定的时间内用完,不得存放后再用。无论采用何种产品的仿瓷涂料,其涂装施工时的环境温度都不得低于5 ℃。环境的相对湿度不得大于85%。

⑥成品保护。根据产品说明,其面层涂装一道或者两道后,应注意成品保护,一般要求保养三至五天。

7.2　外墙涂料施工

第79讲　外墙薄质类涂料施工

薄质涂料,质感细腻,用料比较省;也可用于内墙装饰,包括平面涂料及云母状、砂壁状涂料。大部分彩色丙烯酸有光乳胶漆,都是薄质涂料,它是以有机高分子材料苯乙烯丙烯酸酯乳为主要成膜物,加上不同的颜料、填料以及骨料而制成的薄涂料。使用哪一种薄质涂料,应按装饰设计要求选定。

(1)施工工艺流程。修补→清扫→填缝、局部刮腻子→磨平→第一遍涂料→第二遍涂料。

(2)施工要点。

①修补。基层的空鼓必须剔除,连同蜂窝及孔洞等提前两三天用聚合物水泥腻子修补

完整。水电及设备预留、预埋件已完成。门窗安装已完成并已施涂一遍底子油(干性油及防锈涂料)。

②清扫。施工前,必须将基层表面的灰浆、浮灰以及附着物等清除干净,用水冲洗更好。油污、铁锈以及隔离剂等必须用洗涤剂洗净,并用水冲洗干净。基层要有足够的强度,无酥松、脱皮、起砂以及粉化等现象。

③涂饰。

a.新抹水泥砂浆湿度、碱度均高,对涂膜质量有影响。所以,抹灰后需间隔三天以上再行涂饰。混凝土和墙面抹混合砂浆已完成,并且经过干燥,表面施涂溶剂型涂料时,其含水率不得大于8%;表面施涂水性及浮液涂料时,其含水率不得大于10%。

b.基层表面应平整,纹路质感应均匀一致,否则由于光影作用,造成颜色深浅不一,影响装饰效果。如采用机械喷涂料时,应将不喷涂的部位遮盖,防止污染。

c.涂料使用前,将涂料搅匀,以获得一致的色彩。大面积施工之前,应先做样板,经鉴定合格后,方可组织班组施工。

d.涂料所含水分应按比例调整,使用中不宜加水稀释。若稠度过大,可以用自来水稀释,加水量不能超过10%。涂料中不能掺加其他填料及颜料,也不能与其他品种涂料混合,否则会引起涂料变质。

e.刷涂时,先清洁墙面,通常涂刷两次。如涂料干燥很快,注意涂刷摆幅放小,以求均匀一致。

f.滚涂时,先把涂料按刷涂做法的要求刷在基层上,随即滚涂,滚筒上必须沾少量涂料,滚压方向要一致,操作应迅速。

g.机械喷涂可不受涂料遍数的限制,以满足质量要求为准。采用喷涂施工,空气压缩机压力需保持在0.4~0.7 MPa,排气量0.63 m³/s以上,将涂料喷成雾状为准,喷口直径通常为:

ⅰ.如果喷涂砂粒状,保持在4.0~4.5 mm;

ⅱ.如果喷云母片状,保持在5~6 mm;

ⅲ.如果喷涂细粉状,保持在2~3 mm。

喷料要垂直墙面,不可上、下做料,防止出现虚喷发花,不能漏喷、挂流。漏喷及时补上,挂流及时清除。喷涂厚度以盖底后最薄为佳,不宜过厚。

h.如施涂第二遍涂料之后装饰效果仍不理想时,可增加一到两遍涂料。

第80讲 外墙混凝土及抹灰面复层涂料施工

不同涂层种类和不同施工做法的复合涂层涂饰,耐久性及耐污染性较好,保护墙体功能好,具有新颖而丰富的装饰形象,外观美观豪华,能够创造出较高品味的涂料装饰艺术效果。

覆层涂料有混凝土及抹灰外墙合成树脂乳液覆层涂料、水泥系复层涂料、硅溶胶类覆层涂料以及反应固化型覆层涂料。

(1)施工工艺流程。

修补→清扫→填缝、局部刮腻子、磨平→施涂封底涂料→喷涂主层涂料→滚压→第一遍罩面涂料→第一遍罩面涂料。

(2)施工要点。

①修补。把基层缺棱掉角处用1∶3水泥砂浆修补好。

②清扫。将抹灰面表面上的灰尘、污垢、溅沫以及砂浆流痕等清除干净。

③填缝、局部刮腻子、磨平。表面麻面和缝隙应用聚酯配乙烯乳液、水泥、水质量比为1∶5∶1调和成的腻子填补齐平,并且进行局部刮腻子,腻子干后,用砂纸磨平。

④施涂封底涂料。采用喷涂或刷涂方法进行。

如设计分格缝,应吊垂直、套方、找规矩以及弹分格缝。必须严格按标高控制,以分格缝、墙的明角处或水落管等为分界线和施工缝,缝格必须是平直、光滑以及粗细一致。

⑤喷涂主层涂料。封底涂料干燥之后,再喷涂主层涂料。喷涂时,主层涂料点状大小和疏密程度应均匀一致,不得连成片状。点状大小通常为5~25 mm。涂层的接槎应留在分格缝处。门窗以及不喷涂料的部位,应认真遮挡。

⑥滚压。如需压平,则在喷后适时用塑料或者橡胶辊蘸汽油或二甲苯压平。当需半球形点状造型时,不用进行滚压施工。

⑦施涂罩面涂料。主层涂料干燥之后再喷涂饰面层涂料。水泥系主层涂料喷涂后,应先干燥12 h,然后洒水养护24 h,再干燥12 h,才能施涂罩面涂料。罩面涂料采用喷涂的方法进行,当第一遍罩面涂料干燥之后,再喷涂第二遍罩面涂料。

施涂罩面涂料时,不得有漏涂及流坠现象。发现有"漏涂""透底"以及"流坠"等弊病,应立即修整和处理,确保工程质量。

第81讲　外墙彩砂类涂料施工

彩砂类涂料,是粗骨料涂料的一种,它是以一定粒度配比的彩釉砂及普通硅砂为骨料,用合成树脂乳液作胶黏剂,添加适当助剂组成的一种建筑饰面材料。色彩新颖,质感丰富,晶莹绚丽,可以取得类似天然石料的丰富色彩与质感。具有优异的耐候性、耐水性、耐碱性以及保色性。

(1)施工工艺流程:基层处理→修补填缝、局部刮腻子→施涂封底涂料→搅拌涂料→喷涂彩砂涂料。

(2)施工要点。

①基层处理。混凝土墙面抹灰找平时,先把混凝土墙表面凿毛,浇水充分湿润,用1∶1水泥砂浆抹在基层上并拉毛。当拉毛硬结后,再用1∶2.5水泥砂浆罩面抹光。对预制混凝土外墙麻面以及气泡,需进行修补找平,在常温情况下湿润基层,用水∶石灰膏∶胶黏剂=1∶0.3∶0.3加适量水泥,拌成石灰水泥浆,抹平压实。这样处理过的墙面的颜色同外墙板的颜色近似。

②修补填缝、局部刮腻子。用聚合物水泥腻子修补缺棱短角及裂缝、孔洞、麻面,要求基层含水率≤10%,pH值<9。聚合物水泥腻子配比为$m(108胶)∶m(水泥)∶m(水)=1∶5∶$适量。

③施涂封底涂料。基层封闭乳液刷两遍。第一遍刷完待稍干燥之后再刷第二遍,不能漏刷。基层封闭乳液干燥后,就可喷黏结涂料。胶厚度在1.5 mm左右,要喷匀,过薄则干得快,影响黏结力,遮盖能力低;过厚会导致流坠。接槎处的涂料要厚薄一致,否则也会造成颜色不均匀。

④搅拌涂料。涂料浆可以预先配制,也可在施工时临时配制,涂料浆的稠度,以喷出后

呈雾化状及喷在墙上不流动为原则。涂料搅拌应均匀。

⑤喷涂彩砂涂料。

a. 喷黏结涂料和喷石粒工序连续进行,一人在前喷胶,一人在后喷石,不可间断操作,否则会起膜,影响黏石效果及产生明显的接槎。

喷斗通常垂直距墙面 40 cm 左右,不得斜喷,喷斗气量要均匀,气压在 0.5 ~ 0.7 MPa 之间,保持石粒均匀呈面状地粘在涂料上。喷石的方法以鱼鳞划弧或者横线直喷为宜,以免造成竖向印痕。

水平缝内镶嵌的分格条,在喷罩面胶之前要取出,并将缝内的胶和石粒全部刮净。

b. 喷石后 5 ~ 10 min 用胶辊滚压两遍。滚压时以涂料不外溢为准,如果涂料外溢会发白,造成颜色不匀。第二遍滚压与第一遍滚压间隔时间为 2 ~ 3 min。在滚压时用力要均匀,不能漏压。第二遍滚压可以比第一遍用力稍大。滚压的作用主要为使饰面密实平整,观感好,并将悬浮的石粒压入涂料中。

c. 喷罩面胶(BC-02)。在现场按照配合比配好后过铜箩筛子,防止粗颗粒堵塞喷枪(用万能喷漆斗)。喷完石粒后隔 2 h 左右再喷罩面胶两遍。上午喷石下午喷罩面胶,注意当天喷完石粒,当天要罩面。喷涂要均匀,不得漏喷。罩面胶喷完后形成一定厚度的隔膜,将石渣覆盖住,用手摸感觉光滑不扎手,不掉石粒。

第 82 讲　丙烯酸有光凹凸乳胶漆施工

(1)施工工艺流程。基层处理→搅拌均匀→调整黏度和压力→遮挡保护→喷底漆后→抹、轧涂层表面。

(2)施工要点。

①基层处理。丙烯酸有光凹凸乳胶漆可喷涂在混凝土、水泥石棉板等基体表面,也可喷涂在水泥砂浆或者混合砂浆基层上。其基层含水率不大于 10%,pH 值在 7 ~ 10 之间。其基层处理要求基本与前述喷涂无机高分子涂料基层处理方法相同。

②每道涂料在使用之前均需搅拌均匀后方可施工,厚涂料过稠时,可适当加水稀释。

③喷枪口径采用 6 ~ 8 mm,喷涂压力 0.4 ~ 0.8 MPa。先将黏度和压力调整好,之后由一人手持喷枪与饰面成 90°角进行喷涂。其行走路线,可以根据施工需要上下或左右进行。花纹与斑点的大小以及涂层厚薄,可调节压力和喷枪口径大小进行调整。通常底漆用量为 0.8 ~ 1.0 kg/m^2。

④喷涂时,一定要注意用遮挡板把门窗等易被污染部位挡好。如已污染应及时清除干净。雨天和风力较大的天气不要施工。

⑤喷底漆后,相隔 8 h(温度(25±1)℃,相对湿度 65% ±5%),也就是用 1 号喷枪喷涂丙烯酸有光乳胶漆。喷涂压力控制在 0.3 ~ 0.5 MPa 之间,喷枪同饰面成 90°角,与饰面距离 40 ~ 50 cm 为宜。喷出的涂料要成浓雾状,涂层要均匀,不宜过厚,不得漏喷。通常可喷涂两道,一般面漆用量为 0.3 kg/m^2。

⑥喷涂后,通常在(25±1)℃,相对湿度(65±5)% 的条件下停 5 min 后,再由一人用蘸水的铁抹子轻轻抹、轧涂层表面,始终按上下方向操作,使涂层呈现立体感图案,并且要花纹均匀一致,不得有空鼓、漏喷、起皮、脱落、裂缝及流坠现象。

(3)施工注意事项。

①大多数涂料的贮存期是六个月，购买时和使用前应检查出厂日期，过期者不得使用。

②基层墙面如为混凝土、水泥砂浆面，应养护 7～10 d 之后方可做涂料施工，冬季需 20 d。

③涂料施工温度必须是在 5 ℃以上，涂料的贮存温度需在 0 ℃以上，夏季要避免日光照射，存放在干燥通风之处。

④双色型的凹凸复层涂料施工，其一般做法是第一道为封底涂料，第二道为带彩色的面涂料，第三道为厚涂料，第四道为罩光涂料。具体操作时，应依照各厂家的产品说明进行。在通常情况下，丙烯酸凹凸乳胶漆厚涂料做喷涂后数分钟，可以采用专用塑料辊蘸煤油滚压，注意掌握压力的均匀，以保持涂层厚度一致。

7.3　油漆涂饰施工

第 83 讲　木饰面清漆施工

木基层施涂清漆适用于门、窗、木制家具、板壁表面的清色油漆工程，可以选用脂胶清漆、酚醛清漆等。

（1）施工工艺流程。基层处理→润色油粉→满刮油腻子→刷油色→刷第一遍清漆→修补腻子→修色→磨砂纸→刷第二遍清漆→刷第三遍清漆。

（2）施工要点。

①基层处理。先用刮刀或者碎玻璃片将基层面上的灰尘、胶迹以及污斑点等刮干净，注意不要刮出毛刺。不要刮破抹灰墙面。木门窗基层有小块翘皮时，可以用小刀撕掉。重皮的地方应用小钉子钉牢固，如重皮较大或者有烤煳印疤，应由木工修补。

②润色油粉。用棉线蘸油粉在木料表面反复擦涂，把油粉擦进木料鬃眼内，然后用麻布或木丝擦净，线角上的余粉用竹片剔除。注意墙面和五金上不得沾染油粉。当油粉干后，用 1 号砂纸轻轻顺木纹打磨，打到光滑为止。注意保护棱角，不要把鬃眼内油粉磨掉。磨完后，用潮布将磨下的粉末、灰尘擦净。

③满刮油腻子。应开刀将腻子刮入钉孔、裂纹以及鬃眼内。刮抹时，要横抹竖起，如遇接缝或节疤较大时，应用开刀、牛角板把腻子挤入缝内，然后抹平。腻子要刮光，不留野腻子。待腻子干透后，用 1 号砂纸轻轻顺纹打磨，先磨线角、裁口，后磨四口平面，注意保护棱角，磨到光滑为止。磨完后用潮布擦净粉末。

④刷油色。将铅油（或调和漆）、汽油、光油以及清油等混合在一起过箩（颜色同样板颜色），然后倒在小油桶内，使用时经常搅拌，以免沉淀导致颜色不一致。

a.刷油色时，应由外至内、由左至右、由上至下进行，顺着木纹涂刷。刷到接头处要轻飘，达到颜色一致；由于油色干燥较快，刷油色时，动作应敏捷，收刷、理油时都要轻快。要求无缕无节，横平竖直，刷油时，刷子要轻飘，防止出刷绺。

b.刷木窗时，刷好框子上部后再刷亮子；亮子全部刷完之后，将梃钩钩住，再刷窗扇；如为双扇窗，应先刷左扇后刷右扇；三扇窗最后刷中间扇；纱窗扇先刷外面再刷里面。

c.刷木门时，先刷亮子后刷门框、门扇背面，刷完之后，用木楔将门扇固定，最后刷门扇正面；全部刷好后，检查有无漏刷。

d. 小五金上沾染的油色要及时擦净。刷门窗框时,不得污染墙面。

e. 油色涂刷后,要求木材色泽一致而又不盖住木纹,因此每个刷面要一次刷好,不可留有接头,两个刷面交接棱口不要互相沾油,沾油后要及时擦掉,以达到颜色一致。

⑤刷第一遍清漆。刷法与刷油色相同,由于清漆黏性较大,最好使用已磨出口的旧刷子,刷时要注意不流、不坠,涂刷均匀。待清漆完全干透之后,用 1 号或旧砂纸彻底打磨一遍,将头遍清漆面上的光亮基本打磨掉,再用潮布将粉尘擦干净。刷第一遍的清漆应稀些,有利快干。

⑥修补腻子。通常要求刷油以后不抹腻子,特殊情况下,可以使用油性略大的带色石膏腻子修补残缺不全之处。操作过程中,必须使用牛角板刮抹,不得损伤漆膜,腻子要收刮干净、平滑,无腻子疤痕(有腻子疤痕,必须点漆片处理)。

⑦修色。木料表面上的节疤、黑斑、腻子疤及材色不一致处,应用漆片、酒精加色调配(颜色同样板颜色),或者用由浅到深的清漆调和漆和稀释剂调配,进行修色;颜色深的应修浅、浅的应提深,深浅色的木料拼成一色,并绘出木纹。

⑧磨砂纸。以细砂纸轻轻往返打磨,再用潮布擦净粉末。

⑨刷第二、第三遍清漆。周围环境要整洁,刷油操作同前,但是刷油动作要敏捷,多刷多理,涂刷饱满、不流不坠,光亮均匀。刷完之后再仔细检查一遍,表面应打磨消光,有毛病时要及时纠正。

第84讲　木地板清漆施工

适用于建筑装饰中的长条及拼花木(楼)地板施涂油漆和打蜡工程。通常涂施选用的材料有:清漆(醇酸清漆、聚氨酯清漆)、调和漆、熟桐油、光油、清油、上光蜡、砂蜡等;石膏、大白粉、地板黄、红土子、黑烟子、甲基纤维素以及聚醋酸乙烯乳液等填充料;稀释剂,钴催干剂,耐光、耐湿和耐老化性能较好的矿物颜料等。

(1)施工工艺流程。地板面清理→磨砂纸→刷清油→嵌缝、批刮腻子→磨砂纸→复找腻子→刷第一遍油漆→磨光→刷第二遍清漆→磨光→刷第三遍清漆。

(2)施工要点。

①地板面清理。将表面的尘土、污物清扫干净,并把其缝隙内的灰砂剔扫干净。

②磨砂纸。用 1.5 号木砂纸磨光,先磨踢脚板,后磨地板面,且应顺木纹打磨,磨至以手摸不扎手为好,然后用 1 号砂纸加细磨平、磨光,并且及时将磨下的粉尘清理干净,节疤处点漆片修饰。

③刷清油。可采用较稀的清油使油渗透到木材内部,避免木材受潮变形及增强防腐作用,并能使后道腻子及刷漆油等能很好地与底层黏结。涂刷时,应先刷踢脚,后刷地面,刷地面时,应从远离门口一方退着刷。一般的房间可两人并排退刷,大的房间可以组织多人一起退刷,使其涂刷均匀不甩接槎。

④嵌缝、批乱腻子。先配出一部分比较硬的腻子,水的掺量可根据腻子的软硬而定。用较硬的腻子来填嵌地板的拼缝、局部节疤及较大缺陷处,腻子干之后,用 1 号砂纸磨平、扫净。再用上述配合拌成较稀的腻子,把地板面和踢脚满刮一道。一室可安排两人操作,先刮踢脚,后刮地板,从里向外退着刮,注意两人接槎的腻子收头不应过厚。腻子干后,经检查,若有坍陷之处,重新用腻子补平。等补腻子干后,用 1 号木砂纸磨平,并把面层清理干净。

⑤在嵌缝、批刮腻子之后可选择刷调和漆、清漆。

⑥木地板刷清漆施工要点。

a.刷油色,先刷踢脚,后刷地板。刷油要匀,接槎要错开,并且涂层不应过厚和重叠,要将油色用力刷开,使之颜色均匀。

b.刷清漆三道,油色干后(通常为两天),用1号木砂纸打磨,并把粉尘用布擦净,即可涂刷清漆。先刷踢脚后刷地板,漆膜要涂刷厚些,当其干燥有较稳定的光亮后,用0.5号砂纸轻轻打磨刷痕,不能磨穿漆皮,清扫干净粉尘后,刷第二遍清漆,依此法再涂刷第三遍交活漆,刷后,要做好成品的保护工作,避免漆膜损坏。

第85讲　木饰面混色油漆施工

适用于木制家具、门窗及木饰表面的中、高级施涂混色油漆工程。比较常用的混色油漆有磁性调和漆、油性调和漆。

(1)施工工艺流程。

基层处理→刷底子油→抹腻子→磨砂纸→刷第一遍混色漆→刷第二遍油漆→刷第三遍清漆→清理。

(2)施工要点。

①基层处理。除去表面灰尘、油污胶迹以及木毛刺等,对缺陷部位进行填补、磨光、脱色处理。清扫、起钉子、除油污以及刮灰土,刮时不要刮出木毛并防止刮坏抹灰面层;铲去脂囊,将脂迹刮净,流松香的节疤挖掉,比较大的脂囊应用木纹相同的材料用胶镶嵌;磨砂纸,先磨线角后磨四口平面,顺木纹打磨,有小翘皮以小刀撕掉,有重皮的地方用小钉子钉牢固;点漆片,在木节疤和油迹处,用酒精漆片点刷。

②刷底子油。严格按照涂刷次序涂刷,做到刷到刷匀。

刷清油一遍:清油用汽油、光油配制,略加一些红土子(避免漏刷不好区分),先由框上部左边开始,顺木纹涂刷,框边涂油不得碰到墙面上,厚薄要均匀,框上部刷好之后,再刷亮子。

刷窗扇时,若为两扇窗,应先刷左扇后刷右扇;三扇窗应最后刷中间一扇。窗扇外面全部刷完后,以梃钩钩住,不可关闭,然后再刷里面。

刷门时,先刷亮子,再刷门框,门扇的背面刷完之后,用木楔将门扇固定,最后刷门扇的正面。全部刷完后,检查有无遗漏,并注意里外门窗油漆分色正确与否,并将小五金等处沾染的油漆擦净,此道工序亦可在框或扇安装前完成。

③抹腻子。清油干透后,将裂缝、钉孔、节疤以及边棱残缺处,用石膏油腻子嵌批平整,腻子要横抹竖起,把腻子刮入钉孔裂纹内。如接缝或裂纹较宽、孔洞较大时,可用开刀将腻子挤入缝洞内,使腻子嵌入后刮平、收净,表面上的腻子要刮光,无野腻子、残渣。上下冒头、榫头等处都应批刮到。

④磨砂纸。腻子干透之后,用1号砂纸打磨,磨法与底层磨砂纸相同,不要磨穿油膜,保护好棱角,不留松散腻子痕迹。磨完后,应打打干净,并用潮布擦净散落的粉尘。

⑤刷第一遍混色漆。刷铅油,先将色铅油、光油、清油、汽油以及煤油等(冬季可加入适量催干剂)混合在一起搅拌过筛,可使用红、黄、蓝、白以及黑铅油调配成各种所需颜色的铅油涂料。其稠度以达到盖底、不流淌、不显刷痕为准。厚薄要均匀。一扇门或者窗刷完后,应上下左右观察检查一下,有无漏刷、流坠、裹楞及透底,最后把窗扇打开钩上梃钩,木门窗

下口要用木楔固定。

⑥打砂纸。等腻子干透后,用 1 号以下的砂纸打磨,做法同前,磨好之后用潮布将粉尘擦干净。然后安装玻璃。

⑦刷第二遍油漆。刷铅油,做法同前。

用潮布或废报纸将玻璃内外擦干净,注意不得损伤油灰表面及八字角(如打玻璃胶应待胶干透)。然后用 1 号砂纸或者旧细砂纸轻磨一遍。方法同前,不要磨穿底油,要保护好棱角。磨好后用潮布将粉尘擦干净。

⑧刷第三遍清漆。要注意刷油饱满,不坠不流,光亮均匀,色泽一致。油灰(玻璃胶)要干透。刷完油漆后,要仔细检查一遍,若发现有不妥之处,应及时修整。最后用梃钩或木楔子将门窗固定好。

第 86 讲　美术油漆施工

美术油漆涂饰,为在油漆面层时采用漏花板遮挡或刻花模子滚涂以及彩绘等特殊手段,以产生各种图案的施涂方法。

(1)仿木纹油漆涂饰。仿木纹,亦称木丝,通常是仿硬质木材的木纹(如黄菠萝、水曲柳、榆木、核桃楸等),通过艺术手法用油漆把它涂到室内墙面上,花纹如同镶木墙裙一样,在门窗上也可用同样的方法涂仿木纹。施工材料主要有:清油、腻子、清漆、调和漆、松节油。

①施工工艺流程。

清理基层→弹水平线→涂刷清油→刮腻子→砂纸磨光→刮色腻子→砂纸磨光→涂饰调和漆→再涂饰调和漆→弹分格线→刷面层油→做木纹→用干刷轻扫→画分格线→涂饰清漆。

②施工要点。

a. 涂饰前测量室内的高度,通常仿木纹墙裙高度为室内净高的 1/3 左右,但不应高于 1.30 m,且不低于 0.80 m。

b. 分格时,应注意横、竖木纹板的尺寸比例关系,使之比例和谐,竖木纹约是横木纹的四倍左右。

c. 底子的颜色以浅黄色或者浅米色为宜,使底子油漆的颜色和木料的本色接近。

d. 面层油漆的颜色,要比底子油漆深,并且不得掺快干油,宜选用结膜较慢的清漆,以满足工作黏度的要求。

e. 第二遍腻子应加少量石黄,以便与第一遍腻子颜色有区别,可以避免漏刷。但第三遍腻子应比第一遍腻子略稀一些。

f. 做木纹、用干刷轻扫。用不等距锯齿橡皮板在面层涂料上做曲线木纹,之后用钢梳或软干毛刷轻轻扫出木纹的棕眼,形成木纹。

g. 画分格线。当面层木纹干燥后,画分格线。

h. 刷罩面清漆。待所做木纹及分格线干透后,表面涂刷清漆。清漆罩面,要求刷匀刷到、不起皱皮。

(2)仿石纹油漆涂饰。仿石纹为一种高级油漆涂饰工程,亦称假大理石或油漆石纹。用丝绵经温水浸泡后,将水分拧去,用手甩开使之松散,以小钉挂在墙面上,并把丝绵理成如大理石般的各种纹理状。

喷涂大理石纹,可以用干燥快磁漆、喷漆;刷涂大理石纹,可用伸展性好的调和漆,由于伸展性好,才能化开刷纹。

①施工工艺流程。

清理基层→涂刷底油(清油加少量松节油)→刮腻子→砂纸磨光→刮腻子→砂纸磨光→涂饰两遍调和漆→涂喷三遍色→画色线→涂饰清漆。

②施工要点。

a.应在第一遍涂料表面上进行。

b.待底层所涂清油干透后,刮两遍腻子,磨两遍砂纸,拭掉浮粉,之后再涂饰两遍色调和漆,采用的颜色以浅黄色或者灰绿色为好。

c.色调和漆干透后,把用温水浸泡的丝绵拧去水分,再甩开,使之松散.以小钉子挂在油漆好的墙面上,用手整理丝绵成斜纹状,如石纹一般,连续喷涂三遍色,喷涂的顺序为浅色、深色,而后喷白色。

d.油色抬丝完成之后,需停10~20 min,即可取下丝绵,待喷涂的石纹干后再行画线,等线干后再刷一遍清漆。

③仿石纹油漆涂饰常做成仿各色大理石及仿粗纹大理石饰面。

a.各色大理石饰面。油漆的颜色通常以底层油漆的颜色为基底,再喷涂深、浅二色。喷涂的顺序是:浅色→深色→白色,共为三色。比较常用的颜色为浅黄、深绿两种,也用黑色、咖啡色和翠绿色等。喷完后,即揭去丝绵,墙面上即显出大理石纹。可做成浅绿色底黑绿色花纹的大理石,亦可做成浅棕色底深棕色花纹及浅灰色底墨色花纹大理石等。待所喷的油漆干燥后,再涂饰一遍清漆。

b.粗纹大理石饰面。于底层涂好白色油漆的面上,再涂饰一遍浅灰色油漆,不等干燥就在上面刷上黑色的粗条纹,条纹要曲折不可平直。在油漆将干而未干时,用干净刷子将条纹的边线刷混,刷至隐约可见,使两种颜色充分调和,干后再刷一遍清漆,即成粗纹大理石纹。

(3)套色花饰涂饰。套色花饰,是在墙面涂饰完油漆或者涂料工程的基础上,用特制的漏花板,有规律地把各种颜色的油漆或者涂料刷(喷)墙面上,产生美术图案。它具有壁纸的艺术效果,亦称为假壁纸、仿壁纸油漆。

套色花饰主要用材料有:调和漆(或涂料)、清油、立德粉、汽油、色粉、双飞粉、水胶等。

若用涂料,可选用106胶、聚乙烯醇缩甲醛内墙涂料、硅酸钾无机涂料和硅溶液无机涂料等。

①施工工艺流程。

a.油漆套色花饰涂饰工艺流程。

清理基层→弹水平线→刷底油(清油)→刮腻子→砂纸磨光→刮腻子→砂纸磨光→弹分色线→涂饰调和漆→再涂饰调和漆→漏花(几种颜色漏几遍)→画线。

b.涂料套色花饰涂饰工艺流程:清理基层→涂刷底浆→弹线→涂刷色浆→漏花→画线。

②施工要点。

a.套色漏花涂饰通常是在油漆工程结束后进行。老墙:应把基层的灰尘、油污除尽,原来的油漆面层已有损坏,应重新涂饰;新墙:基层干燥、清洁,可以不做处理,直接进行涂饰。

b.图案花纹的颜色必须试配,使之深浅适度,协调柔和,并且有立体感。

c.漏花时,必须注意图案板要找好垂直,每一套色为一个板面,每个板面四角均有标准

（俗称规矩），必须要对准，不应有位移，更不得将板翻用。

d. 套色漏花宜按喷印方法进行，并按照分色顺序喷印。套色漏花时，第一遍油漆干透后，再涂第二遍油漆，避免混色。

e. 各套色的花纹，板要对准、组织严密，不得有漏喷（刷）及漏底子的现象。

f. 配料的稠度应适当，过稠易堵塞喷油嘴；过稀易流淌，污染墙面。

g. 施工之前应对漏花板进行检查，确认无任何损伤缺陷，方能进行施工。并应根据设计要求的颜色做样板试验，试验时，将颜色油漆涂饰在刷白漆的木板或者涂饰在玻璃上，干燥结膜后检查其与要求的颜色是否相同，以及干燥时间和遮盖程度。

h. 漏花板每用 3 ~ 5 次，应用干燥而洁净的布将背面和正面的油漆抹去，以防污染墙面。

（4）面层鸡皮皱油漆涂饰。鸡皮皱为一种高级油漆涂饰工程，使用材料有：清油、立德粉、双飞粉（麻斯面）、松节油、柴油、调和漆以及颜料等。用拍打鸡皮皱的平板刷拍出的皱皮美丽、疙瘩均匀，可做成各种颜色，具有隔声及协调光的特点（有光但不反射），给人以舒适感。

① 施工工艺流程。

清理基层→涂刷底油（清油）→刮腻子→砂纸磨光→刮腻子→砂纸磨光→刷调和漆→刷鸡皮皱油→拍打鸡皮皱纹。

② 施工要点。

a. 在涂饰好油漆的底层上，涂上拍打鸡皮皱纹的油漆，其配合比非常重要，否则拍打不成鸡皮皱纹。

b. 涂饰面层的厚度约为 1.5 ~ 2.0 mm，比一般涂饰的油漆厚一些。涂饰鸡皮皱油漆和拍打鸡皮皱纹是同时进行的，应由两人操作，也就是前面一人涂饰，后面一人随着拍打。拍打的刷子（图 7.2）应平行墙面，距离 20 cm 左右，刷子一定要放平，一起一落，拍击成稠密而撒布均匀的疙瘩，像鸡皮皱纹一样。

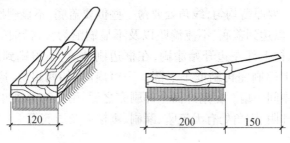

图 7.2 平板刷（单位：mm）

（5）滚花油漆涂饰。通常油漆工程完成后，在面层油漆基础上进行的涂饰施工称为滚花涂饰。

① 施工工艺流程。

清理基层→涂饰底漆→弹线→滚花→画线。

② 施工要点。

a. 涂饰前，在橡胶或者软塑料的辊筒上，按设计要求的花纹图案刻制成模子。

b. 操作时，应在面层油漆表面弹出垂直粉线，然后沿粉线进行。滚筒的轴必须与粉线垂直，不得歪斜。

c.花纹应均匀一致,图案、颜色调和满足设计要求。

d.滚花完成后,周边应画色线或做花边方格线。

第87讲　金属基层混色油漆施工

适用于建筑装饰中的金属面的中、高级混色油漆工程。可以选用油漆有:混色油漆(磁性调和漆、油性调和漆)、清漆、醇酸清漆、醇酸磁漆以及防锈漆(红丹防锈漆、铁红防锈漆)等。

(1)施工工艺流程。

基层处理→涂防锈漆→刮腻子→磨砂纸→刷第一遍油漆→抹腻子→磨砂纸→刷第二遍油漆→磨砂纸→刷第三遍清漆。

以上是高级金属面的油漆,若中级油漆工程,则少刷一遍油漆、不满刮腻子。

(2)施工要点。

①基层处理。清扫、除锈以及磨砂纸。将钢门窗和金属表面上浮土、灰浆等打扫干净。已刷防锈漆但出现锈斑的金属表面,须用铲刀铲除底层防锈漆之后,再用钢丝刷和砂布彻底打磨干净,补刷一道防锈漆。

金属表面的处理,除去除油脂、污垢以及锈蚀外,最重要的是表面氧化皮的清除,常用的办法有三种,也就是机械和手工清除、火焰清除、喷砂清除。

②涂防锈漆。根据不同基层要彻底除锈、满刷(或喷)防锈漆1~2道。

对于安装过程的焊点、防锈漆磨损处,进行清除焊渣、除锈,补1~2道防锈漆。防锈漆干透后,将金属表面的砂眼、凹坑以及缺棱拼缝等处找补腻子,做到基本平整。

③刮腻子。用开刀或者胶皮刮板满刮一遍石膏或原子灰腻子,要刮得薄,收得干净,均匀平整,无飞刺。

④磨砂纸。打磨时注意保护棱角,达到表面平整光滑,线角平直,整齐一致。使用1号砂纸轻轻打磨,打掉多余腻子,并清理干净灰尘。

⑤刷第一道油漆。要厚薄均匀,线角处要薄一些但要盖底,不显刷痕,不现出流淌。

刷铅油:油的稠度以达到盖底、不流淌坠以及不显刷痕为宜,铅油的颜色要符合样板的色泽。刷铅油时,应从框上部左边开始涂刷,在框边刷油时,不得刷到墙上,要注意内外分色,厚薄要均匀一致,上部刷完再刷框子下部。刷窗扇时,如两扇窗,应先刷左扇之后刷右扇;三扇窗者,最后刷中间一扇。窗扇外面全部刷完之后,用梃钩钩住再刷里面。

要重点检查线角和阴、阳角处有无流坠、漏刷、裹棱以及透底等毛病,并应及时修整达到色泽一致。

⑥抹腻子。待油漆干透后,对底腻子收缩或残缺处,再用石膏腻子补抹。

⑦磨砂纸。待腻子干透之后,用1号砂纸打磨,要求同前。磨好后,用潮布将磨下的粉尘擦净。

⑧刷第二遍油漆。方法同刷第一道油漆,但是要增加油的总厚度。

⑨磨砂纸。因为是最后一道,砂纸要轻磨,磨完后用湿布打扫干净。用1号或旧砂纸打磨,直至表面平整光滑,线角平直,整齐一致。

⑩刷第三遍清漆。要多刷多理,刷油饱满,不流不坠,色泽一致,光亮均匀,如有毛病要及时修整。

7.4　特种涂料施工

第88讲　聚氨酯仿瓷涂料施工

聚氨酯仿瓷涂料施工,应按各生产厂的产品说明进行操作。基本原则是复层涂装,一般均为底涂、中涂和面涂。对于基层处理、底涂操作以及中涂甲乙组分材料按规定比例配合,以及面涂的要求(一般中层和面层的材料相同)和涂层间相隔时间的规定,应严格实施,不可自行选择添加剂、稀释剂及任意混淆涂层材料。

(1)施工工艺流程。

基层处理→对底涂的要求→中涂→面涂。

(2)施工要点。

①基层处理。处理基面的腻子,通常要求用801胶水调制(SJ-801建筑胶黏剂可用于粘贴瓷砖、锦砖、墙纸等,固体含量高,黏结强度大,游离醛少,耐水、耐酸碱,无味无毒),也可采用环氧树脂,但禁止与其他油漆混合使用。对于新抹水泥砂浆面层,其常温龄期应大于10 d;普通混凝土的常温龄期应大于20 d。

②对于底涂的要求。各厂产品不一,有的不要求底涂,并可以直接作为丙烯酸树脂、环氧树脂及聚合物水泥等中间层的罩面装饰层;而有的产品则包括底涂料。以仿瓷釉涂料为例,其底涂料与面涂料为配套供应(表7.1),可以采用刷、滚以及喷等方法进行底漆。有的冷瓷产品,也附有用作底涂的底漆,要求涂刷底漆之后用腻子批平并打磨平整,然后用TH型面漆进行中涂。

表 7.1　仿瓷釉涂料的分层涂装

分层涂料	材料	用料量/(kg · m⁻²)	涂装遍数
底涂料	水乳型底涂料	0.13 ~ 0.15	1
面涂料(Ⅰ)	仿瓷釉涂料(A、B色)	0.6 ~ 1.0	1
面涂料(Ⅱ)	仿瓷釉清漆	0.4 ~ 0.7	1

③中涂施工。通常均要求用喷涂。喷涂压力应依照材料使用说明,通常为0.3 ~ 0.4 MPa或0.6 ~ 0.8 MPa;喷嘴口径也应按要求选择,通常为4 mm。根据不同品种,将其甲乙组分进行混合调制或采用配套中层材料均匀喷涂,如涂料过稠不便施工时,可以加入配套溶剂或醋酸丁酯进行稀释,有的则无须加入稀释剂。

④面涂施工。通常可用喷涂、滚涂以及刷涂任意选择,施涂的间隔时间视涂料品种而定,一般在2 ~ 4 h之间。不论采用何种品牌的仿瓷涂料,其涂装施工时的环境温度都不得低于5 ℃,环境的相对湿度不得大于85%。根据产品说明,面层涂装一道或者二道后,应注意成品保护,通常要求保养3 ~ 5 d。

第89讲　"幻彩"涂料复层施工

(1)施工工艺流程。

基层处理→底、中涂施工→面涂施工。

（2）施工要点。

①基层处理。基层必须坚实、平整、干燥以及洁净。如果是在旧墙面上做幻彩涂料装饰施工，可根据墙面的条件区别处理：

a. 旧墙面为油性涂料时，可以用细砂布打磨旧涂膜表面，最后清除浮灰和油污等。

b. 旧墙面为乳液型涂料时，应检查墙面是否有疏松和起皮脱落处，全面清除浮灰、油污等并用双飞粉和胶水调成腻子修补墙面。

c. 旧墙面多裂纹和凹坑时，用白乳胶，再加双飞粉及白水泥调成腻子补平缺陷，干燥后再满批一层腻子抹平基面。

②底、中涂施工。当基面处理完毕并干燥后，即可进行幻彩涂料的底、中涂料施工。底涂可用刷子刷涂或用胶辊滚涂，通常是一遍成活，但应注意涂层均匀，不要漏涂。其中涂为彩色涂料，可刷涂也可辊涂，通常为两遍成活，第一遍用40%～50%的用水量比例稀释中涂料；第二遍用30%～40%的用水量比例稀释中涂料。中涂料涂层干燥之后再用底涂料在中涂面上涂刷一遍。

③面涂施工。幻彩涂料的表面花纹效果，需借助人工涂刷创作。涂刷花纹的工具可选用刷子、塑料刮片、胶辊或自制小扎把（用布料或皮革片绑扎成刷状）等，其目的为在面涂表面形成美观的纹理和质感效果。

a. 手工做面涂施工。首先用刷子或者胶辊在约1 m² 的墙面上均匀地涂上幻彩面涂料；根据需要选择一种工具（刷子、刮板、橡胶或者尼龙辊及自制扎把等）在已刷上面涂料的墙面上有规律地进行涂抹，涂抹纹路要互相交错，着力轻柔均匀，可以按照1 m² 为一个单元，涂刷出一种形式的纹理图案，而后再涂刷与另一个单元相同效果的花纹，以此类推直到完成整个幻彩涂料装饰面。

b. 采用喷枪喷涂做面涂施工。当采用喷涂进行幻彩涂料的面涂时，需使用专用喷枪，喷嘴为 $\phi2.5$，空气压力泵输出压力调至两个大气压。用10%～20%的水稀释面涂料之后加入喷枪料斗中。喷涂时，喷嘴距墙面600～800 mm，先水平方向均匀喷涂一遍，再垂直方向均匀喷涂一遍。若需要多种多彩，则可在第一遍喷涂未干之时即喷一道另一种颜色的面涂料，使饰面形成多彩的迷幻效果。

第90讲 复层薄抹涂料施工

（1）施工工艺流程。

基层处理→涂料混匀→薄抹涂层→分格。

（2）施工要点。

①基层处理。基层表面应平整光洁。如果有不平整现象，应以腻子修补。基层应干燥，潮湿基层不能施工。基层表面不得松软，必须要具备一定的强度。

②涂料混匀。采用彩色陶土片为主料的进口薄抹材料，在使用前应先将黏结材料（多为乳液）倒入清水中，黏结料和水的配合比为每100 g 黏结剂兑水3 L，搅拌均匀后再将碎片主料掺入，再拌和均匀，静置15 min 后即可用铁抹子进行薄抹施工。需注意涂料的搅拌应使用棒或者小铲之类的器具做手工操作，不可采用搅拌机。所配制的薄抹材料需在4 h 左右用完，超过一定时限之后其碎片的塑性状态会受影响，表面开始硬结。对浆体的稠度可适当控制，结合基体条件和环境气候条件，可适当增减用水量，以能够顺利操作并确保涂层质量为

前提。施工时的气温应在 5 ℃以上,如在寒冷的条件下操作,会使塑体受冻而失去黏结力。

③薄抹涂层涂抹后,在常温下需待 2 d 左右才可以完全干燥。在其干燥的饰面涂层上,再罩一层透明的疏水防尘剂,可喷涂,也可以用毛辊或毛刷进行滚涂和刷涂。涂刷要均匀,防止产生气泡和针眼,一道需罩面涂刷 1 ~ 2 遍,完活之后立即用清水洗手和清洗工具。

④薄抹复层涂料施于外墙时,可进行分格,分格缝一般在薄抹之前做完。可以在基层表面锯割出沟槽,也可在薄抹时加设木分格条,待涂膜干燥后再将其取出。

第 91 讲　仿天然石涂料施工

(1)施工工艺流程。

涂底漆→放样弹线、粘贴线条胶带→喷涂中层→揭除分格线胶带→喷制及镶贴石头漆片→喷涂罩面层。

(2)施工要点。

①涂底漆。底涂料用量每遍 0.3 kg/m² 以上,均匀刷涂或者用尼龙毛辊滚涂,直至无渗色现象为止。

②放样弹线,粘贴线条胶带。为仿天然石材效果,一般设计都有分块分格要求。施工时弹线粘贴线条胶带,先贴竖直方向,后贴水平方向,接头处可临时钉上铁钉,便于施涂之后找出胶带端头。

③喷涂中层。中涂施工使用喷枪喷涂,空气压力在 6 ~ 8 kg/m² 之间,涂层厚度 2 ~ 3 mm,涂料用量 4 ~ 5 kg/m²,喷涂面应同事先选定的样片外观效果相符合。喷涂硬化 1 d,方可进行下道工序。

④揭除分格线胶带。中涂后可以随即揭除分格胶带,揭除时不得损伤涂膜切角。应将胶带向上拉,而不是与墙面垂直牵拉。

⑤喷制及镶贴石头漆片。此做法仅用于室内饰面,通常是对于饰面要求颜色复杂,造型处理图案多变的现场情况。可以预先在板片或贴纸类材料上喷成石头漆切片,待涂膜硬化后,即可用强力胶黏剂将其镶贴于既定位置以达到富立体感的装饰效果。切片分硬版和软版两种,硬版用于平面镶贴,软版用于曲面或者转角处。

⑥喷涂罩面层。当中涂层完全硬化,局部粘贴石头漆片胶结牢固后,也就是全面喷涂罩面涂料。其配套面漆通常为透明搪瓷漆,罩面喷涂用量应在 0.3 kg/m² 以上。石头漆面层喷涂对装饰效果的影响因素,见表 7.2。

表 7.2　石头漆面层喷涂对装饰效果的影响因素

项目	因素	对饰面效果的影响	因素	对饰面效果的影响
风压(高低)	高	花纹较小,出量大,速度快,喷涂均匀	低	花纹较大,出量小,速度慢,均匀性较差
喷涂距离(远近)	远	花纹连续性较差,均匀度差,损耗多,花纹较圆	近	花纹过齐,均匀性较差,纹理效果较平
喷涂出口(大小)	大	花纹较大,出量大,易流坠,耗用量多,涂膜厚	小	花纹较小,出量小,不流坠,耗用量少,涂膜较薄
涂料黏度(大小)	大	花纹颗粒大,纹理粗,耗用量多,出量大,厚度大,易垂流	小	花纹颗粒小,纹理表面较平滑,耗用量小,出量大,涂膜薄,易垂流

第92讲　防水类特种涂料施工

防水涂料,是以橡胶、沥青或者聚氨酯等为主要成分,主要用于需要防水的屋面、墙面、地面。有的产品主要用于基层施涂,有的产品也可以作为面层使用。

(1)施工工艺流程。

基层清理→填孔补洞→涂施防水底层→涂施防水中层→涂施防水面层。

(2)施工要点。

①基层清理。基层的浮灰、油渍以及杂质必须清除干净。基层表面如凹凸不平、松动、空鼓起砂、开裂等缺陷存在,将影响防水工程质量,因此基层表面必须平整,不得有松动、空鼓、起砂、开裂等缺陷,含水率应小于9%。

②填孔补洞。地面垫层中各预埋管线已经完成,穿过楼层的立管已立好,管洞已堵塞,地面泛水已完成,泛水坡度应满足设计要求。

③防水附加层。渗漏的多发部位有地漏、卫生洁具根部阴阳角以及套管等,在做大面积防水施工前先应做好局部防水附加层。防水层应由地面延伸到墙面,高出地面100 mm;浴室墙面的防水层不得低于1.8 mm。

④涂施防水底层。把聚氨酯甲料、乙料加稀释剂拌匀,再用漆刷涂刷在基层表面,一天固化之后,进行下一道工序。

⑤涂施防水中层。将聚氨酯甲料、乙料按照1:1.5比例配合,用电动搅拌器强力搅匀。先用漆刷将该混合料均匀涂刷在墙裙和阴、阳角等部位,再用塑料或者橡胶刮板按顺序均匀地涂刷在底漆面上,其厚度以2~3 mm为宜,要求涂层平整,颜色一致。同基层相连的管子根部、卫生设备阴、阳角等部位要仔细涂刷,涂层可厚些,以保证防水质量。

⑥涂施防水面层,将聚氨酯罩面漆和固化剂按100:(3~5)的比例混合拌匀,即可均匀涂刷在干净的防水涂层面上。罩面漆要固化一天以上,经验收合格之后方可交付使用。中层固化一两天后方可涂刷罩面漆。

⑦涂刷应均匀一致,不得漏刷。总厚度应满足产品技术性能要求。

⑧施工时应设置安全照明,并要保持通风。

⑨施工环境温度应符合防水材料的技术要求,并且宜在5 ℃以上。

⑩防水工程应做两次蓄水试验。

第93讲　防火类特种涂料施工

防火涂料是以蛭石骨料、珍珠岩以及胶黏剂为主要成分,或以人工合成材料为主要成分组成的涂料。国家对于建筑防火的要求是以规范强制性要求,防火涂饰的应用已较为普及。

(1)施工工艺流程。

钢构件预处理→涂料配制→第一遍涂料→第二遍涂料→抹光。

(2)施工要点。

①钢构件预处理。钢结构施工已结束并且经过验收,施涂所需的脚手架已完成;将钢件表面处理干净;固定六角孔铅丝网或者以底胶水(底胶、水质量比为1:5.7)喷于基面。

②涂料配制。涂料、水(质量比为1:1)在搅拌机搅拌5~10 min之后,即可使用。

③涂料。在底胶成膜干燥之后进行第一遍喷涂(或刷涂)。大面积施工前应做样板施

工,并得到鉴定合格。第一遍厚度控制在1.5 cm,干后方可喷涂第二遍涂料。涂料固化快,随用随配制,施工时以15～35 ℃为好,在4 ℃以下不宜施工。

④抹光。最后一遍满足设计要求厚度时,即可手工抹光表面。

第8章 住宅装饰中的特殊工程施工细部做法

8.1 窗帘盒、窗台板和暖气罩安装

第94讲 明窗帘盒的安装

（1）定位画线。按窗帘盒的定位位置和两个铁脚的间距，画出墙面固定铁脚的孔位。

（2）打孔。用冲击钻在墙面画线位置打孔。

（3）固定窗帘盒。比较常用的方法是膨胀螺栓或木楔配木螺钉固定法。膨胀螺栓是将连接在窗帘和上面的铁脚固定在墙面上，而铁脚又用木螺钉连接在窗帘盒的木结构上。一般，塑料窗帘盒、铝合金窗帘盒自身都具有固定耳，可通过固定耳将窗帘盒用膨胀螺栓或木螺钉固定于墙面。

图8.1为常见固定窗帘盒的方法。

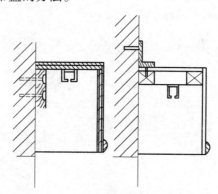

图8.1 窗帘盒的固定

第95讲 暗装窗帘盒

（1）暗装内藏式窗帘盒。窗帘盒需要在吊顶施工时一并做好，其主要形式为在窗顶部位的吊顶处做一条凹槽，以便在此安装窗帘导轨，如图8.2所示。

（2）暗装外接式窗帘盒。外接式为在平面吊顶上做出一条通贯墙面长度的遮挡板，窗帘轨就安装在吊顶平面上，如图8.3所示。

第96讲 布窗帘导轨安装

（1）工字型窗帘轨安装。工字型窗帘轨是用与其配套的固定爪来安装。在安装的时候，先将固定爪套入工字窗帘轨上，每米窗帘轨需要有三个。固定爪需侧向安装于墙面上或窗帘盒的木结构上。若固定爪不安装于墙面上，则需要在墙面打孔埋木楔，然后用木螺钉将固定爪安装在木楔处，如图8.4所示。

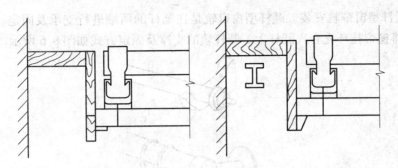

图 8.2　暗装内藏式窗帘盒

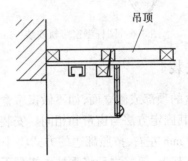

图 8.3　暗装外接式窗帘盒

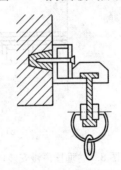

图 8.4　工字型窗帘轨安装

（2）槽型窗帘轨安装。槽型窗帘轨是通过木螺钉固定来安装的。可用 φ5.5 mm 的钻头在槽型轨的底面打出小孔，再用螺钉穿过小孔，将槽型轨道固定在窗帘盒内顶面，如图 8.5 所示。

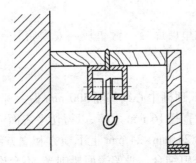

图 8.5　槽型窗帘轨安装

（3）圆杆型窗帘轨安装。圆杆型窗帘轨是在圆杆的两端进行支承及固定。在两端固定之前需要将窗帘挂环先套入圆杆上。圆杆轨的支撑及固定方式如图8.6所示。

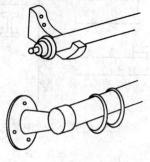

图8.6　圆杆型窗帘轨安装

第97讲　垂挂顶幔安装

垂挂顶幔可固定在窗帘盒的顶部或侧立面,如不做窗帘盒,就需要做垂挂顶幔支架。该支架通常也是用木方条制作,其固定方法与窗帘和相同。安装垂挂顶幔的时候,先在一条小木条上钉上一排小钉,钉距50 mm左右,按照翻边的方式将小木条压着垂挂顶幔的端边,并钉牢在窗帘盒上或垂挂顶幔支架上,钉好之后将垂挂顶幔翻下来即可,如图8.7所示。

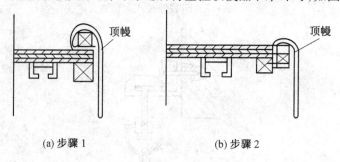

(a) 步骤1　　　　　　　　　　(b) 步骤2

图8.7　垂挂顶幔安装

第98讲　落地窗帘盒安装

落地窗帘盒是利用三面墙和顶棚,再在正面设立板组成的。暗装外接式窗帘盒如图8.8所示。

（1）施工工艺流程。

钉木楔→制作骨架→贴里层面板→钉垫板→安窗帘杆→安装骨架→钉外层面板→装饰。

（2）施工要点

①钉木楔。沿立板与墙、顶棚中心线每隔500 mm做一标记,并在标记处用电钻钻孔,孔径14 mm,深50 mm,再打入直径16 mm木楔,以刀切平表面。

②制作骨架。木骨架由24 mm×24 mm上下横方和立方组成,立方间距为350 mm。制作时横方与立方用65 mm铁钉结合。骨架表面要刨光,不允许有毛刺和锤印。横、立方向应相互垂直,对角线偏差不大于5 mm。

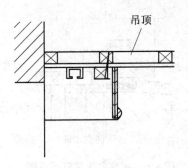

图 8.8　暗装外接式窗帘盒

③贴里层面板。骨架面层分里、外两层,选用三层胶合板。依据已完工的骨架尺寸下料,用净刨将板的四周刨光,接着可上胶贴板。为便于安装,先贴里层面板。安装过程如下:清除骨架、面层板表面的木屑、尘土,随后各刷一层白乳胶,再将里层面板贴上,贴板后沿四边用 10 mm 铁钉临时固定,铁钉间距 120 mm,以防止上胶后面板翘曲、离缝。

④钉垫板。垫板为 100 mm×100 mm×20 mm 木方,主要用于安装窗帘杆,同样采用墙上预埋木楔铁钉固定做法,每块垫板下两个木楔即可。

⑤安装窗帘杆。窗帘杆可以到市场购买成品。根据家庭喜好可装单轨式或双轨式。单轨式比较实用。窗帘杆安装简便,用户一看即明白。若房间净宽大于 3.0 m 时,为保持轨道平面,窗帘轨中心处需增设一支点。

⑥安装骨架。先检查骨架里层面板,若粘贴牢固,即可拆除临时固定的铁钉,起钉时要小心,不能硬拔。检查预留木楔位置准确与否,然后拉通线安装,骨架与预埋木楔用 75 mm铁钉固定。先固定顶棚部分,然后固定两侧。安装之后,骨架立面应平整,并垂直顶棚面,不允许倾斜,误差不大于 3 mm,做到随时安装随时修正。

⑦钉外层面板。外层面板和骨架四周应吻合,保持整齐、规正。其操作方法与钉里层面板同。

⑧装饰。只需对落地窗帘盒立板进行装饰。可以采用与室内顶棚和墙面相同的做法,使窗帘盒成为顶棚、墙面的延续,如贴壁纸、墙布或者做多彩喷涂。但也可以根据自己的爱好,对室内家具、顶棚和墙面的色彩做油漆涂饰。

第99讲　木窗台板安装

木窗台板的截面形状、构造尺寸应按施工图施工,如图 8.9 所示。

(1)施工工艺流程。

窗台板制作→砌入防腐木砖→窗台板刨光→定位→拼接→固定。

(2)施工要点。

①窗台板制作。按图纸要求加工,木窗台表面应光洁,其净料尺寸厚度介于 20 ~ 30 mm,比准备安装的窗长 240 mm,板宽视窗口深度而定,通常要突出窗口 60 ~ 80 mm,台板外沿要倒棱或超线。台板宽度大于 150 mm。需要拼接时,背面必须穿暗带避免翘曲,窗台板背面要开卸力槽。

②砌入防腐木砖。在窗台墙上,预先砌入木砖间距为 500 mm 左右的防腐木砖,每镗窗不少于两块,在窗框的下坎裁口或者打槽(深 12 mm,宽 10 mm)。

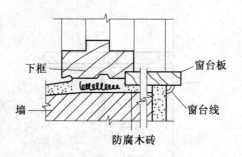

图8.9　木窗台板装钉示意图

③窗台板刨光。将窗台板刨光起线之后,放在窗台墙顶上居中,里边嵌入槽内。

④定位。于木砖处横向钉梯形断面木条(窗宽大于1 m时,中间应以间距500 mm左右加钉横向木条),用来找平窗台板底线。

⑤拼接。若窗台板的宽度过大,如大于150 mm时,窗台板需要拼接时,背面应钉衬条以避免翘曲。

⑥固定。在窗框的下框裁口或者打槽(宽10 mm,深12 mm),将已刨光起线后的窗台板放在窗台墙面上居中,里边嵌入下框槽内。窗台板的长度通常比窗樘宽度长120 mm左右,两端伸出长度应一致,同一室内的窗台板应拉通线找平找齐,使标高一致,伸出墙面尺寸应一致。通常窗台板应向室内倾斜1%坡度(泛水)。用扁钉帽的铁钉把窗台板钉在木条上,钉帽冲入板面2 mm。在窗台板下面与墙阴角处钉阴角木线条。

第100讲　石材窗台板安装

(1)施工工艺流程。

窗台板制作→拉水平线、找平→安装→勾缝。

(2)施工要点。

①窗台板制作。按照图纸要求加工,如:水磨石窗台板应用范围为600~2400 mm,窗台板净跨比洞口少10 mm,板厚是40 mm。应用于240 mm墙时,窗台板宽为140 mm;应用于360 mm墙时,窗台板宽为200 mm或260 mm;应用于490 mm墙时,窗台板宽度是330 mm。

石材窗台表面应平整、边角整齐,不可缺楞掉角,各窗台板色泽要求基本一致,不能有较大色差。

②拉水平线、找平。安窗台时,应先校正窗台的水平度,将窗台的找平层厚度确定出来,在窗台两边按图纸要求的尺寸在墙上剔槽。在同一房间内同标高的窗台板应拉线找平及找齐,使其标高一致,并应考虑窗台室外水平的总体效果。窗台板的长度通常比窗樘宽度长120 mm左右,两端伸出的长度应一致。

③安装。窗台板接槎处注意平整,并和窗下槛同一水平。清除窗台上的垃圾杂物,洒水湿润,再用1∶3的干硬性水泥砂浆或者细石混凝土抹找平层,以刮尺刮平,均匀地撒上干水泥粉,待干水泥粉充分吸水呈水泥浆状态,再把湿润后的板材平稳地安上,用木槌轻击,使其平整并和找平层良好地黏结。如窗台板在横向挑出墙面尺寸比较大时,应先在窗台板下预埋件,以便于对窗台板绑扎固定。在安装时,先在后面端将窗台板绑扎在预埋件上,然后在窗台面抹水泥砂浆,并留出其前面的预埋件位置,当窗台饰面板就位固定后,再将预埋件用水泥浆填满找平。

　　大理石或者磨光花岗石窗台板,厚度为 35 mm,采用 1∶3 水泥砂浆固定,如图 8.10 所示。

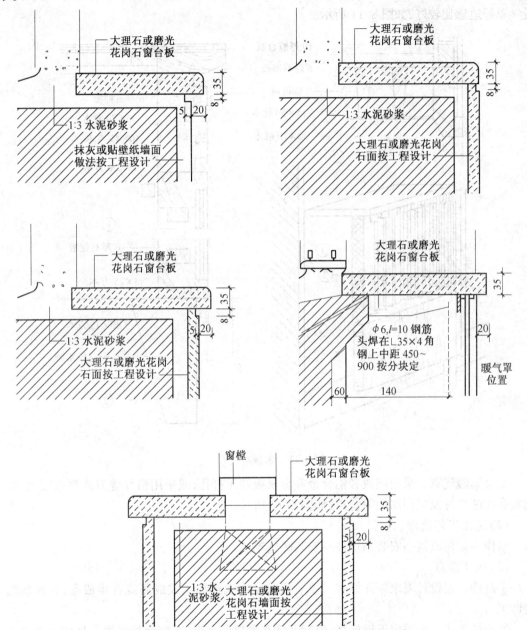

图 8.10　大理石或磨光花岗石窗台细部做法(单位:mm)

　　④勾缝。安装完后,用水泥砂浆或者细石混凝土勾缝。

第 101 讲　暖气罩安装

　　(1)暖气罩分类。暖气散热器多设于窗前,暖气罩多和窗台板等连在一起。常用的布罩方法有窗台下式、沿墙式、嵌入式和独立式等几种。暖气罩既要能确保室内均匀散热,又要

造型美观,具有一定的装饰效果。暖气罩常用的做法有下列几种:

①木制暖气罩。采用硬木条及胶合板等做成格片状,也可采用上下留空的形式。木制暖气罩舒适感比较好,如图8.11所示。

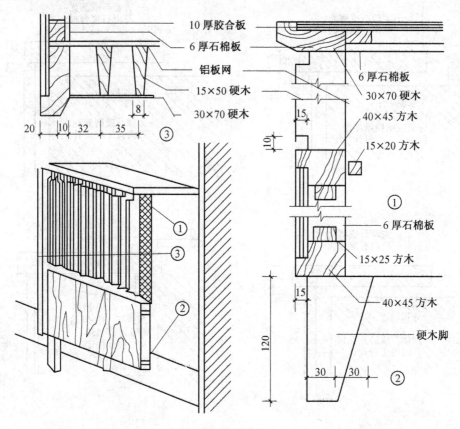

图8.11 木制暖气罩

②金属暖气罩。采用钢或者铝合金等金属板冲压打孔,或采用格片等方式制成暖气罩。它具有性能良好及坚固耐用等特点,如图8.12所示。

(2)施工工艺流程。

制作→定位放线→安装预埋件→安装暖气罩。

(3)施工要点。

①制作。按设计要求制作好暖气罩。目前常在工厂加工成成品或者半成品,在现场组装即可。

②定位放线。根据窗下框标高、位置及散热器罩的高度,在窗台板底面及地面上放出安装位置线。

③安装预埋件。在墙上打孔,安装膨胀螺栓或者预埋木楔。

④安装暖气罩。按照窗台板底面和地面上画好的位置线进行定位安装,分块板式散热器罩接缝应平、顺直、对齐。上下边棱高度及水平度应一致,上边棱应位于窗台板底外棱内。

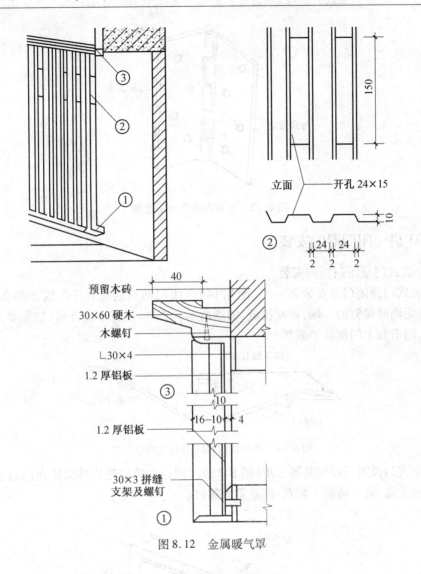

图 8.12　金属暖气罩

8.2　门窗附件安装

第 102 讲　合页的安装

（1）安装之前，应核对合页与门窗框、扇匹配与否。

（2）检查合页槽与合页的高、宽、厚匹配与否。

（3）应该检查合页与其连接的螺钉、紧固件配套与否。

（4）铰链的连接方式应该与框和扇的材质相匹配，如钢框木门所用的合页，同钢框连接的一侧为焊接，与木门扇连接的一侧则为木螺钉固定。

（5）合页的两片叶板不对称时，应辨别哪一页板应同扇相连，哪一页板应与门窗框相连。如图 8.13 所示，与轴三段相连的一侧应与框固定，与轴两段相连的一侧应与框固定。

（6）安装时，应该确保同一扇上的合页的轴在同一铅垂线上，以免门窗扇弹翘。

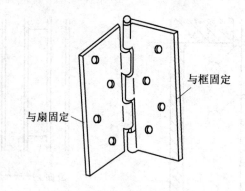

图 8.13　合页安装方向示意图

第 103 讲　闭门器的安装

（1）外装式门顶闭门器的安装。

①外装式门顶闭门器安装第一步（图 8.14）。闭门器只能安装于门扇上部靠近铰链一边，机体上无调速螺钉的一端，面向铰链，如图所示。否则，门将不能开启，如果要强行开启，则闭门器、门扇和上门框即遭破坏。

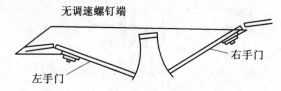

图 8.14　外装式门顶闭门器安装第一步

②外装式门顶闭门器安装第二步（图 8.15）。用四个螺钉把机体固定在门扇上，再将杠杆套进齿轴上端，另一端装上帽盖、拧紧紧固螺钉。

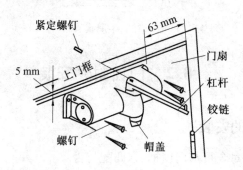

图 8.15　外装式门顶闭门器安装第二步

③外装式门顶闭门器安装第三步（图 8.16）。用两个螺钉把连杆固定在门框上。手持连杆与上门框成直角。将锁紧螺母松动，调节连杆至适合长度，轻轻扳动杠杆，是杠杆稍正好插进连杆端部的孔，检查连杆与上门框成直角。放上垫圈，以半圆头螺钉紧固。拧紧锁紧螺母，安装完成。

④外装式门顶闭门器安装第四步（图 8.17）。关门速度已做好调整，若需要改变速度，按图示转动调速螺钉。

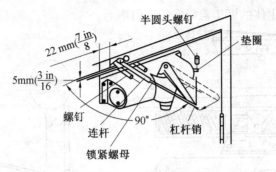

图 8.16　外装式门顶闭门器安装第三步

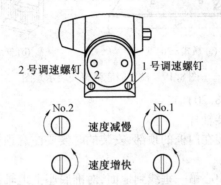

图 8.17　外装式门顶闭门器安装第四步

(2)内嵌式门顶闭门器的安装(图 8.18)。

①在门框、扇就位之前,应该先在门扇顶部和门框上槛底部弹线剔槽。

②然后在门扇安装之前将液压缓冲弹簧埋置在槽内,把滑道用螺钉拧入门框槽内。

③待门框、扇安装固定好后再用螺母将连杆固定在弹簧轴上。

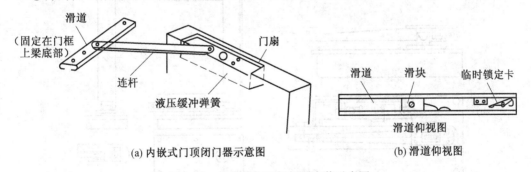

(a) 内嵌式门顶闭门器示意图　　　　　(b) 滑道仰视图

图 8.18　内嵌式门顶闭门器安装示意图

(3)横式门底弹簧的安装(图 8.19)。

①把顶轴安装在门框上部,顶轴套板装在门扇顶端,二者中心必须对准。

②从顶轴中心处向下吊一铅垂线到地面,找出安装在楼地面上的底轴的中心线位置和底板木螺钉孔的位置。然后将顶轴拆下。

③先把门底弹簧主体装在门扇下部,再把门扇放入门框内,对准顶轴和底轴的中心以及底板上的螺钉孔的位置。

④然后再分别把顶轴固定在门框上部,底板固定在楼地面上,底板和楼地面平齐。

⑤最后把装弹簧主体的框架盖板安装于门扇上。

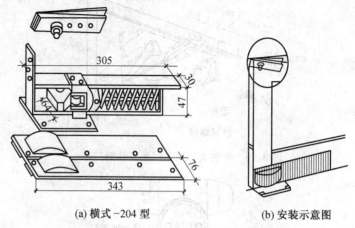

(a) 横式-204型　　　(b) 安装示意图

图8.19　横式门底弹簧安装示意图

(4)地弹簧的安装(图8.20)。

①装顶轴套板以及回转轴杆。

②装顶轴。把顶轴安装在门框的顶部,安装的时候要注意顶轴的中心距边柱的距离,应当以门扇开闭灵活为准。

③装底座。先从顶轴中心吊一垂线到地面,对准底座上地轴的中心。保持底座水平,使底座上面板与门扇底部的缝隙为15 mm,然后用混凝土将外壳填实浇固。

④拧顶轴上的升降螺钉。

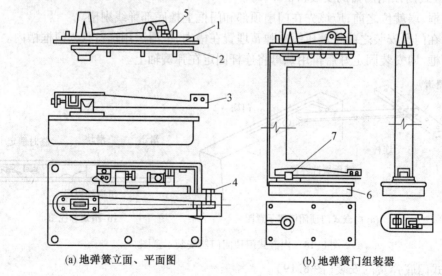

(a) 地弹簧立面、平面图　　　(b) 地弹簧门组装器

图8.20　地弹簧

1—顶轴;2—顶轴套板;3—回转轴杆;4—调节螺钉;5—升降螺钉;

6—底座;7—底座地轴中心

第104讲　外装门锁的安装

(1)外装门锁安装第一步(图8.21)。依据门的开启方向,选定"安装纸样"(右开或左开),将纸样贴在门的适当位置A处,一定要同门边对齐。

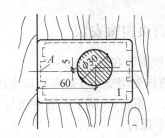

图 8.21　外装门锁安装第一步

（2）外装门锁安装第二步（图 8.22）。按纸样将 $\phi30$ mm 注有⊘标记处钻孔。

图 8.22　外装门锁安装第二步

（3）外装门锁安装第三步（图 8.23）。先把锁体的后盖板拆下，用锁头螺钉将锁头与后盖板紧固，固定时要注意拨板的位置，即如图 8.23 所示的位置。若拨板方向朝后，就不能起反锁作用。

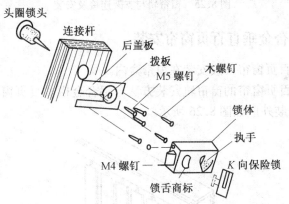

图 8.23　外装门锁安装第三步

（4）外装门锁安装第四步（图 8.24）。依据门的开启方向，调整锁舌的方向，把锁体套入后盖板，用 M4 螺钉紧固之后，用钥匙试开（保险钮必须在自由开关的位置上），灵活即可。

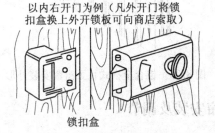

图 8.24　外装门锁安装第四步

第105讲　铝合金横式百页窗帘安装

（1）铝合金横式百页窗帘一般安装在窗帘盒内。

（2）对于支架固定窗帘轨,应该先把支架安装在墙面上或木结构上。支架与墙面的固定一般是用膨胀螺栓或木楔木螺钉。图8.25所示为窗帘轨与支架连接及安装。

①支架与木结构固定,使用木螺钉。

②窗帘轨和支架的安装连接,使用 M5 mm 镀锌螺栓。

（3）如窗帘轨直接安装于窗帘盒顶面,则必须用木螺钉来连接,木螺钉的间距是150～200 mm。

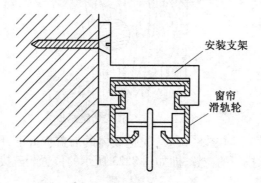

安装支架

窗帘
滑轨轮

图8.25　窗帘轨与支架连接及安装

第106讲　铝合金垂直百页窗帘安装

（1）铝合金垂直百页窗帘一般安装在窗帘盒内。

（2）铝合金垂直百页窗帘的窗帘轨安装方法与铝合金横式百页窗帘的窗帘轨相同。铝合金横式百页窗帘安装外形如图8.26所示。

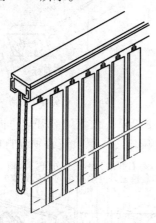

图8.26　铝合金横式百页窗帘安装外形

第107讲　百页窗帘安装及调节

（1）将大角尺支架架在墙面的适当位置,安装牢固,测装、顶装均可。

（2）把大角尺支架的弯钩钩入大角尺支架的相应的孔内。

（3）把百叶窗顶盒放入支架内，并将小角尺支架的搭钩嵌入大角尺支架的搭钩孔内。

（4）用螺钉旋具把小角尺支架上膨胀钮旋转 90°，搭钩胀开钩牢即可。

（5）支架安装位置，如图 8.27、图 8.28 所示。

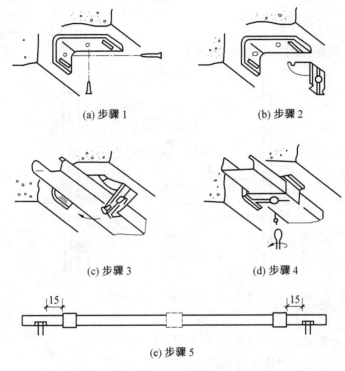

(a) 步骤 1　　　　　　　　(b) 步骤 2

(c) 步骤 3　　　　　　　　(d) 步骤 4

(e) 步骤 5

图 8.27　百叶窗帘的安装图

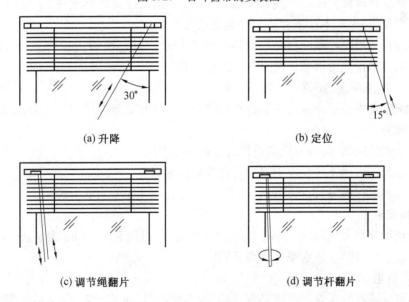

(a) 升降　　　　　　　　(b) 定位

(c) 调节绳翻片　　　　　　(d) 调节杆翻片

图 8.28　百叶片升降转角调节

8.3 厨房、厕浴间施工

第 108 讲 卫生器具安装

厕浴间卫生器具剖面图,如图 8.29 所示。

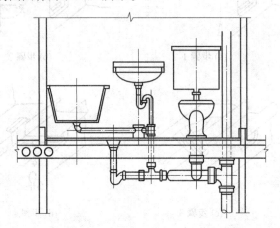

图 8.29 厕浴间卫生器具剖面图

(1)小便器安装。

①小便器上水管通常要求暗装,用角阀与小便器连接。

②角阀出水口中心应对准小便器进出口中心。

③配管前应在墙面上画出小便器安装中心线,依据设计高度确定位置,画出十字线,按小便器中心线打眼、楔入木针或者塑料膨胀螺栓。

④用木螺钉加尼龙热圈轻轻将小便器拧靠在木砖上,不得离斜、偏斜。

⑤小便器排水接口为承插口时,应用油腻子封闭。

(2)洗脸盆(洗涤盆)安装。

①根据洗脸盆中心及洗脸盆安装高度划出十字线,把支架用带有钢垫圈的木螺钉固定在预埋的木砖上。

②安装多组洗脸盆时,所有洗脸盆均应在同一水平线上。

③洗脸盆和排水栓连接处应用浸油石棉橡胶板密封。

④当洗涤盆下有地漏时,排水短管的下端,应距地漏不小于 100 mm。

(3)地漏安装。

①核对地面标高,按照地面水平线采用2%的坡度,再低 5 ~ 10 mm 为地漏表面标高。

②地漏安装后,用 1:2 水泥砂浆将其固定。

(4)排水管道安装。

①连接卫生器具的铜管应保持平直,尽可能不要弯曲,如需弯曲,应采用冷弯法,并注意其椭圆度不大于 10%;卫生器具安装完毕之后,应进行通水试验,以无漏水现象为合格。

②大便器、小便器的排水出口承插接头应用油灰填充,不得以水泥砂浆填充。

(5)给水配件安装。

①管道或附件与卫生器具的陶瓷件连接处,应垫以胶皮及油灰等填料和垫料。

②固定洗脸盆、洗手盆、洗涤盆以及浴盆等排水口接头等,应通过旋紧螺母来实现,不得强行旋转落水口,落水口和盆底相平或略低于盆底。

③需装设冷水和热水龙头的卫生器具,应把冷水龙头装在右手侧,热水龙头装在左手侧。

④安装镀铬卫生器具给水配件应使用扳手,不得使用管子钳,以保护镀铬表面完好无损。接口应牢固、严密、不漏水。

⑤镶接卫生器具的铜管,弯管时弯曲应均匀,弯管椭圆度应小于8%,并不得出现凹凸现象。

⑥给水配件应安装端正,表面洁净并将外露油麻清除。

⑦浴盆软管淋浴器挂钩的高度,如设计没有要求,应距地面1.8 m。

⑧给水配件的启闭部分应灵活,在必要时应调整阀杆压盖螺母及填料。

⑨安装完毕,监理人员应检查安装得是否满足卫生器具安装的共同要求:平、稳、准、牢、不漏、使用方便、性能良好。

第109讲 厨房、厕浴间防水施工

(1)基层要求。

①厕浴间现浇混凝土楼面必须振捣密实,随抹压光,形成一道自身防水层,这是非常重要的。

②穿楼板的管道孔洞、套管周围缝隙用掺膨胀剂的豆石混凝土浇灌压实抹平,孔洞比较大的,应吊底模浇灌。禁用碎砖、石块堵填。通常单面临墙的管道,离墙应不小于50 mm,双面临墙的管道,一边离墙不小于50 mm,另一边离墙不小于80 mm。

③为确保管道穿楼板孔洞位置准确和灌缝质量,可以采用手持金刚石薄壁钻机钻孔,经应用测算,这种方法的成孔及灌缝工效比芯模留孔方法提高工效1.5倍。

④在结构层上做厚20 mm的1∶3水泥砂浆找平层,以作为防水层基层。

⑤基层必须平整坚实,表面平整度用2 m长直尺检查,基层和直尺间最大间隙不应大于3 mm。基层有裂缝或凹坑,用1∶3水泥砂浆或者水泥胶腻子修补平滑。

⑥基层所有转角均做成半径为10 mm均匀一致的平滑小圆角。

⑦所有管件、地漏或者排水口等部位,必须就位正确,安装牢固。

⑧基层含水率应满足各种防水材料对含水率的要求。

(2)氯丁胶乳沥青防水涂料施工。氯丁胶乳沥青防水涂料,依据工程需要,防水层可组成一布四涂、二布六涂或者只涂三遍防水涂料的三种做法,其用料参考见表8.1。

表8.1 氯丁胶乳沥青涂膜防水层用料参考

材料	三遍涂料	一布四涂	二布六涂
氯丁胶乳沥青防水涂料/(kg·m⁻²)	12~1.5	1.5~2.2	2.2~2.8
玻璃纤维布/(m²·m⁻²)	—	1.13	2.25

以一布四涂为例,其施工程序及要求如下:

①清理基层。把基层上的浮灰、杂物清理干净。

②刮氯丁胶乳沥青水泥腻子。在清理干净的基层上,满刮一遍氯丁胶乳沥青水泥腻子。管道根部和转角处要厚刮,并抹平整。腻子的配制方法,是把氯丁胶乳沥青防水涂料倒入水泥中,边倒边搅拌直到稠浆状,即可刮涂于基层表面,腻子厚度约2~3 mm。

③涂刷第一遍涂料。待以上腻子干燥后,再在基层上满刷一遍氯丁胶乳沥青防水涂料(在大桶中搅拌均匀之后再倒入小桶中使用)。操作时涂刷不得过厚,但也不能漏刷,以表面均匀,不流淌、不堆积为宜。立面需刷到设计高度。

④做附加增强层。在阴阳角、管道根、地漏以及大便器等细部构造处分别做一布二涂附加增强层,也就是将玻璃纤维布(或无纺布)剪成相应部位的形状铺贴于上述部位,同时刷氯丁胶乳沥青防水涂料,要刷平、贴实,不得有折皱、翘边现象。

⑤铺贴玻璃纤维布同时涂刷第二遍涂料。当附加增强层干燥后,先将玻璃纤维布剪成相应尺寸铺贴于第一道涂膜上,然后在上面涂刷防水涂料,使涂料浸透布纹网眼并且牢固地粘贴于第一道涂膜上。玻璃纤维布搭接宽度不宜小于100 mm,并顺流水接槎,从里面往门口铺贴,先做平面后做立面,立面应贴到设计高度,平面和立面的搭接缝留在平面上,距立面边宜大于200 mm,收口处要压实贴牢。

⑥涂刷第三遍涂料。待上遍涂料实干后(通常宜24 h以上),再满刷第三遍防水涂料,涂刷要均匀。

⑦涂刷第四遍涂料。上遍涂料干燥之后,可满刷第四遍防水涂料,一布四涂防水层施工即告完成。

⑧蓄水试验。防水层实干之后,可进行第一次蓄水试验。蓄水24 h无渗漏水为合格。

⑨饰面层施工。蓄水试验合格后,可根据设计要求及时粉刷水泥砂浆或铺贴面砖等饰面层。

⑩第二次蓄水试验。方法及目的同聚氨酯防水涂料。

(3)聚氨酯防水涂料施工。

①清理基层。把基层清扫干净;基层应做到找坡正确,排水顺畅,表面平整、坚实,无起灰、起砂、起壳及开裂等现象。涂刷基层处理剂前,基层表面应达到干燥状态。

②涂刷基层处理剂。将聚氨酯甲、乙两组分与二甲苯按照1:1.5:2的比例配合搅拌均匀即可使用。先在阴阳角、管道根部用滚动刷或者油漆刷均匀涂刷一遍,然后大面积涂刷,材料用量为0.15~0.2 kg/m²。涂刷后干燥4 h以上,才可进行下一工序施工。

③涂刷附加增强层防水涂料。在地漏、管道根、阴阳角以及出入口等容易漏水的薄弱部位,应先用聚氨酯防水涂料按甲:乙=1:1.5的比例配合;均匀涂刮一次做附加增强层处理。按照设计要求,细部构造也可做带胎体增强材料的附加增强层处理。胎体增强材料宽度为300~500 mm,搭接缝100 mm,在施工时,边铺贴平整,边涂刮聚氨酯防水涂料。

④涂刮第一遍涂料。把聚氨酯防水涂料按甲料:乙料=1:1.5的比例混合,开动电动搅拌器,搅拌3~5 min,用胶皮刮板均匀涂刮一遍。注意操作时要厚薄一致,用料量为0.8~1.0 kg/m²,立面涂刮高度不应小于100 mm。

⑤涂刮第二遍涂料。当第一遍涂料固化干燥后,要按上述方法涂刮第二遍涂料。涂刮方向应与第一遍相垂直,用料量与第一遍相同。

⑥涂刮第三遍涂料。当第二遍涂料涂膜固化后,再按上述方法涂刮第三遍涂料,用料量为0.4~0.5 kg/m²。

三遍聚氨酯涂料涂刮之后,用料量总计为 $2.5\ kg/m^2$,防水层厚度不小于 $1.5\ mm$。

⑦第一次蓄水试验。当涂膜防水层完全固化干燥之后,就可进行蓄水试验。蓄水试验 24 h 后观察无渗漏为合格。

⑧饰面层施工。涂膜防水层蓄水试验不渗漏,质量检查合格之后,就可进行粉抹水泥砂浆或粘贴陶瓷锦砖、防滑地砖等饰面层。在施工时应注意成品保护,不得破坏防水层。

⑨第二次蓄水试验。完成厕浴间装饰全部工程后,工程竣工前还要进行第二次蓄水试验,以检验防水层完工后是否被水电或其他装饰工程损坏。蓄水试验合格之后,厕浴间的防水施工才算圆满完成。

(4)地面刚性防水层施工。

①基层处理。施工之前应对楼面板基层进行清理,除净浮灰杂物,对于凹凸不平处用 $10\% \sim 12\%$ UEA(灰砂比为 1:3)砂浆补平,并应在基层表面浇水,使基层保护湿润,但是不能积水。

②铺抹垫层。按 1:3 水泥砂浆配制灰砂比为 1:3UEA 垫层砂浆,把其铺抹在干净湿润的楼板基层上。铺抹前,按坐便器的位置,准确地把地脚螺栓预埋在相应的位置上。垫层的厚度为 $20 \sim 30\ mm$,必须分 $2 \sim 3$ 层铺抹,每层应揉浆、拍打密实,垫层厚度应依据标高确定。在抹压的同时,应完成找坡工作,地面向地漏口找坡 2%,地漏口周围 $50\ mm$ 范围内向地漏中心找坡 5%,穿楼板管道根部向地面找坡 5%,转角墙部位的穿楼板管道向地面找坡 5%。分层抹压结束之后,在垫层表面用钢丝刷拉毛。

③铺抹防水层。待垫层强度能达到上人时,将地面和墙面清扫干净,并浇水充分湿润,然后铺抹四层防水层,第一、第三层为 10% UEA 水泥素浆,第二、第四层为 $10\% \sim 12\%$ UEA (水泥:砂 =1:2)水泥砂浆层。以下为铺抹方法:

第一层先将 UEA 和水泥按照 1:9 的配合比准确称量后,充分干拌均匀,再按水灰比加水拌和成稠浆状,然后就可用滚刷或者毛刷涂抹,厚度是 $2 \sim 3\ mm$。

第二层灰砂比为 1:2,UEA 掺量为水泥质量的 $10\% \sim 12\%$,通常可取 10%。待第一层素灰初凝后,即可铺抹,厚度是 $5 \sim 6\ mm$,凝固 $20 \sim 24\ h$ 后,适当浇水湿润。

第三层掺 10% UEA 的水泥素浆层,其拌制要求、涂抹厚度和第一层相同,待其初凝后,即可铺抹第四层。

第四层 UEA 水泥砂浆的配合比、拌制方法以及铺抹厚度均与第二层相同。铺抹时应分次用铁抹子压 $5 \sim 6$ 遍,使防水层坚固密实,最后再用力抹压光滑,经硬化 $12 \sim 24\ h$,即可浇水养护 3 d。

以上四层防水层的施工,应按垫层的坡度要求找坡,铺抹的操作方法和地下工程防水砂浆施工方法相同。

④管道接缝防水处理。待防水层满足强度要求后,拆除捆绑在穿楼板部位的模板条,清理干净缝壁的乳渣、碎物,并按照节点防水做法的要求涂布素灰浆和填充 UEA 掺量为水泥:砂 =1:2 管件接缝防水砂浆,最后灌水养护 7 d。蓄水期间,如不发生渗漏现象,可以视为合格;如发生渗漏,找出渗漏部位,及时修复。

(5)铺抹 UEA 砂浆保护层。保护层 UEA 的掺量是 $10\% \sim 12\%$,灰砂比为 1:(2~2.5),水灰比为 0.4。铺抹前对要求用膨胀橡胶止水条进行防水处理的管道、预埋螺栓的根部及需用密封材料嵌填的部位及时做防水处理。然后就可以分层铺抹厚度为 $15 \sim 25\ mm$ 的

UEA 水泥砂浆保护层,并按坡度要求找坡,待硬化 12~24 h 之后,浇水养护 3 d。最后根据设计要求铺设装饰面层。

第110讲　穿楼板管节点防水施工

(1)基本规定。

①穿楼板管道一般包括冷水管、热水管、暖气管、污水管、煤气管以及排气管等。一般均在楼板上预留管孔或者采用手持式薄壁钻机钻孔成型,然后再安装立管。管孔宜比立管外径大 40 mm 以上,如为热水管、暖气管以及煤气管时,则需在管外加设钢套管,套管上口应高出地面 20 mm,下口和板底齐平,留管缝 2~5 mm。

②通常来说,单面临墙的管道,离墙应不小于 50 mm,双面临墙的管道,一边离墙不小于 50 mm,而另一边离墙不小于 80 mm,如图 8.30 所示。

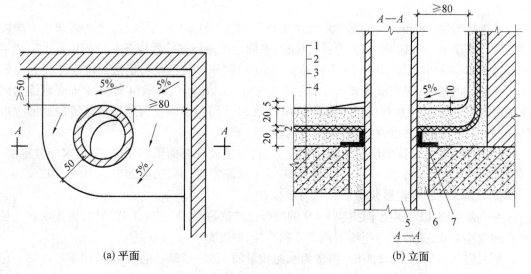

(a)平面　　　　　　　　　　　　(b)立面

图 8.30　厕浴间、厨房穿楼板管道转角墙构造示意图(单位:mm)
1—水泥砂浆保护层;2—涂膜防水层;3—水泥砂浆找平层;4—楼板;
5—穿楼板管道;6—补偿收缩嵌缝砂浆;7—"L"形橡胶膨胀止水条

③穿过地面防水层的预埋套管应高出防水层 20 mm,管道和套管间尚应留 5~10 mm 缝隙,缝内先填聚苯乙烯(聚乙烯)泡沫条,再用密封材料封口,并在管子周围加大排水坡度。如图 8.31 所示。

(2)防水做法。穿楼板管道的防水做法有两种处理方法:一种是在管道周围嵌填 UEA 管件接缝砂浆;而另一种是在此基础上,在管道外壁箍贴膨胀橡胶止水条,如图 8.32、图 8.33 所示。

(3)施工要求。

①立管安装固定后,把管孔四周松动石子凿除,如管孔过小时则应按规定要求凿大,然后在板底支模板,孔壁洒水湿润,刷一遍 108 胶水,灌筑 C20 细石混凝土,比板面低 15 mm 并捣实抹平。细石混凝土中宜掺微膨胀剂。终凝之后洒水养护并挂牌明示,2 d 内不得碰动管子。

②待灌缝混凝土达一定强度后,把管根四周及凹槽内清理干净并使之干燥,凹槽底部垫

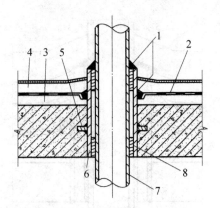

图 8.31　穿过防水层管套

1—密封材料;2—防水层;3—找平层;4—面层;5—止水环;

6—预埋套管;7—管道;8—聚苯乙烯(聚乙烯)泡沫

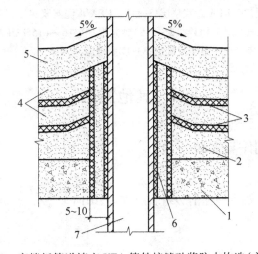

图 8.32　穿楼板管道填充 UEA 管件接缝砂浆防水构造(单位:mm)

1—钢筋混凝土楼板;2—UEA 砂浆垫层;3—10% UEA 水泥素浆;

4—(10% ～12% UEA)1 : 2 防水砂浆;5—(10% ～12% UEA)1 : (2 ～2.5)砂浆保护层;

6—(15% UEA)1 : 2 管件接缝砂浆;7—穿楼板管道

以牛皮纸或者其他背衬材料,凹槽四周及管根壁涂刷基层处理剂。然后将密封材料挤压在凹槽内,并用腻子刀用力刮压严密与板面齐平,务必使之饱满、密实以及无气孔。

③地面施工找坡、找平层时,在管根四周都应留出 15 mm 宽缝隙,待地面施工防水层时再二次嵌填密封材料将其封严,以便于使密封材料与地面防水层连接。

④将管道外壁 200 mm 高范围内,清除灰浆和油污杂质,涂刷基层处理剂,然后按照设计要求涂刷防水涂料。

如立管有钢套管时,套管上缝应以密封材料封严。

⑤地面面层施工时,于管根四周 50 mm 处,最少应高出地面 5 mm 成馒头形。当立管位置在转角墙处,应有向外 5% 的坡度。

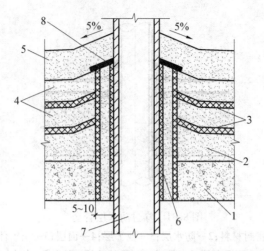

图 8.33　穿楼板管道箍贴膨胀橡胶止水条防水构造(单位:mm)

1—钢筋混凝土楼板;2—UEA 砂浆垫层;3—10% UEA 水泥素浆;4—(10% ~12% UEA)

1：2 防水砂浆;5—(10% ~12% UEA)1：(2 ~2.5)砂浆保护层;6—(15% UEA)1：2 管件接缝砂浆;

7—穿楼板管道;8—膨胀橡胶止水条

8.4　其他施工

第111讲　橱柜制作与安装

(1)施工工艺流程。

选料与配料→刨料与划线→榫槽→组装→收边、饰面。

(2)施工要点。

①选料与配料。

a. 按设计图纸选择合适材料,根据图纸要求的规格、结构、式样以及材种列出所需木方料及人造木板材料。

b. 配坯料时,应先配长料、宽料,再配短料;先配大料,再配小料;先配主料再配次料。木方料长向按净尺寸放 30 ~50 mm 截取。截面尺寸按照净料放 3 ~5 mm 以便刨削加工。板料坯向横向按净尺寸放 3 ~5 mm 以便于刨削加工。

②刨料与画线。

a. 刨料应顺着木纹方向,先刨大面,再刨小面,相邻的面形成 90° 直角。

b. 画线前应认真识读图纸,根据纹理、色调以及节疤等因素确定其内外面。

c. 可将两根或者两块相对应位置的木料拼合在一起进行画线,画好一面后,用直角尺把线引向侧面。

d. 所画线条必须准确、清楚。画线之后,应把空格相等的两根或两块木料颠倒并列进行校对,检查画线和空格是否准确相符,若有差别,则说明其中有错,应及时查对校正。

③榫槽。

a. 没有专用机械设备时,选择合适榫眼的杠凿,采用"大凿通"的方法手工凿眼。

b. 榫头和榫眼配合时,榫眼长度比榫头短 1 mm 左右,使之不过紧又不过松。

c. 榫的种类主要分为木方连接榫与木板连接榫两大类,但其具体形式较多,分别适用于木方和木质板材的不同构件连接。

d. 在室内家具制作中,采用木质板材较多,如台面板、厨面板、搁板以及抽屉板等,都需要拼缝结合。常采用的接缝结合形式有以下几种:高低缝、平缝、拉拼缝以及马牙缝。板式家具的连接方法较多,主要分为固定式结构连接和拆装式结构连接两种。

④组(拼)装。橱柜组(拼)装前,应将所有的结构件用细刨刨光,之后按顺序逐件依次装配。

⑤收边、饰面。对外露端口用包边木条进行装饰收口,用相同材种、纹理相似以及色调相近的尤佳。饰面板在大部位的材种应相同,纹理相似并通顺,色调相同没有色差的尤佳。

第 112 讲　扶手制作

螺旋楼梯的木扶手是螺旋曲线,而且内外圈的曲线半径及坡度都不相同,特别当螺旋楼梯的平面半径较小时,就更难用平面圆弧曲线段来近似代替,目前我国还没有工厂能直接用机器加工螺旋曲线型的木扶手,只能借助手工在现场加工。

(1)首先应按照设计图纸要求将金属栏杆就位和固定,安装好固定木扶手的扁钢,检查栏杆构件安装的位置和高度,扁钢安装要平顺及牢固。

(2)按照螺旋楼梯扶手内外环不同的弧度及坡度,制作木扶手的分段木坯。木坯可以在厚木板上裁切出近似弧线段,但是比较浪费木材,而且木纹不通顺。最好将木材锯成可弯曲的薄木条并双面刨平,按近似圆弧做成模具,把薄木条涂胶后逐片放入模具内,形成组合木坯段。将木坯段的底部刨平按顺序编号和拼缝,在栏杆上试装和画出底部线。把木坯段的底部按画线铣刨出螺旋曲面和槽口,按编号由下部开始逐段安装固定,同时要再仔细修整拼缝,使接头的斜面拼缝紧密。

(3)用预制好的模板在木坯扶手上画出扶手的中线,依据扶手断面的设计尺寸,用手刨由粗至细将扶手逐次成型。

(4)对扶手的拐点弯头应依据设计要求和现场实际尺寸在整料上画线,用窄锯条锯出雏形毛坯,毛坯的尺寸约比实际尺寸大 10 mm 左右,然后用手工锯和刨逐渐加工成型。通常拐点弯头要由拐点伸出 100 ~ 150 mm。

(5)用抛光机、细木锉和手砂纸把整个扶手打磨砂光。然后刮油漆腻子和补色,喷刷油漆。

第 113 讲　木栏杆及扶手安装

(1)施工工艺流程。

放线定位→弯头配置→连接→固定→整修。

(2)施工要点。

①放线定位。对安装扶手的固定件的位置、标高以及坡度定位校正后,放出扶手纵向中心线及扶手折弯或转角线,放线确定扶手直线段与弯头、折弯断点的起点及位置,确定扶手斜度、高度和栏杆间距。扶手高度应超过 1 050 mm,栏杆间距应小于 150 mm。

②弯头配制。按栏板或者栏杆顶面的斜度,配好起步弯头,一般木扶手,可用扶手料割配弯头,采用割角对缝黏接,在断块割配区段内最少要考虑三个螺钉同支撑固定件连接固

定。大于70 mm断面的扶手接头配置时,除黏接之外下面还应做暗榫或用铁件结合。

③连接。

a.木扶手末端与墙或柱的连接必须牢固,不能简单地把木扶手伸入墙内,因为水泥砂浆不能和木扶手牢固结合,水泥砂浆的收缩裂缝会使木扶手入墙部分松动。建议按照图8.34所示方法固定。

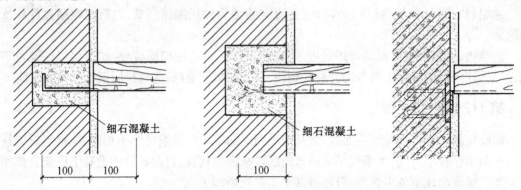

图8.34　木扶手与墙(柱)的连接(单位:mm)

b.沿墙木扶手的安装方法基本同前,由于连接扁钢不是连续的,所以在固定预埋铁件和安装连接件时必须拉通线找准位置,且不能有松动。常用木扶手的安装方法,如图8.35所示。

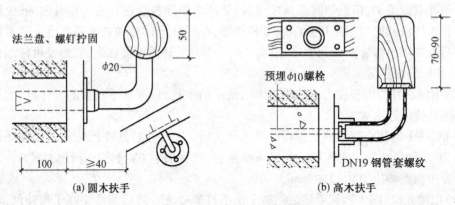

图8.35　常用木扶手的安装方法(单位:mm)

④固定。分段预装检查无误,进行扶手与栏杆(栏板)上固定件安装,以木螺钉拧紧固定,固定间距控制在400 mm以内,操作时,应在固定点处先把扶手料钻孔,再将木螺钉拧入。

⑤整修。木扶手安装好后,应仔细检查,对于不平整处要用小刨清光,弯头连接不平顺,应用细木锉锉平,找顺磨光,然后刮腻子补色,最后按照设计要求刷漆。

第114讲　石材栏板安装

现在许多装饰设计中很少绘制楼梯栏板内外立面图,对于旋转曲线楼梯内外圈的开展平面图也不相同。因此应根据装饰设计图和实测尺寸绘制各个内外侧面展开图,并将栏板石材进行合理的分格。通常分格宽度不宜大于1 000 mm,并应考虑所选用石材品种大板的规格尺寸。外侧栏板最好先不切割成斜边,以便在施工时可以方便支撑在支撑木上,上端最好也适当留出裕量,以便施工时可以拼对花纹和调整尺寸,在最后才统一弹线现场切割,如图 8.36 所示。

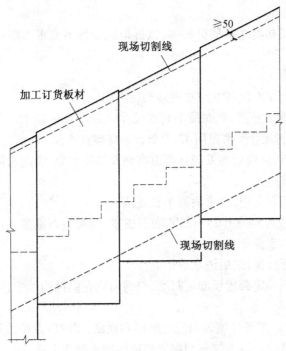

图 8.36　楼梯栏板外侧立板示意图(单位:mm)

第115讲　石材扶手安装

石材楼梯或者柱杆扶手现在仅在少数豪华宾馆内使用,采用比较多的是圆形断面,这主要是考虑了石材加工的方便性。材料以雪花白大理石为多,由于白色更容易与其他颜色相配。加工后的大理石扶手细腻光滑,更显豪华气质。因为加工机械能力的限制,现在还只能加工直线形和圆弧曲线形的扶手,还不能加工螺旋曲线形的扶手。所以在旋转曲线楼梯中,还只可用圆弧曲线形扶手来近似替代螺旋曲线形扶手,相当于平面几何中用多边形来近似圆形一样。应注意的是圆弧曲线形扶手的分段尺寸不宜太大,否则在安装时扶手就会出现明显的死弯硬角。扶手立柱支点的排列要均匀美观,其间距的大小也同石材扶手的直径有关。在旋转曲线楼梯,内外圈栏板(杆)与扶手要分别绘制出内外立面展开图,才可确定扶手等石材的安装定位尺寸。实际订货时,对起始和拐折处需现场加工拼接处的扶手长度要留出足够的裕量。

第116讲　花格与花饰制作

(1)水泥制品花格制作。

①水泥砂浆花格制作。

a.支模。将根据设计尺寸制作好的模板放置于平整场地上,检查模板各部位的连接是否可靠,然后在模板上刷脱膜剂。

b.安放钢筋。把已制作成型的钢筋或钢筋网片放置于模板中,钢筋不能直接放在地上,要先垫砂浆或混凝土后再放入,使得浇灌之后钢筋不外漏。

c.灌注砂浆。用铁抹子把砂浆注入模板中,随注随用钢筋棒捣实,注满后用铁抹子抹平表面。

d.拆模。水泥砂浆初凝之后即可拆模,以拆模后构件不变形为度。拆模之后的构件要浇水养护。

②混凝土花格制作。

a.混凝土花格的制作方法基本与水泥砂浆花格相同。

b.常选用C20混凝土预制,断面最小宽度尺寸应在25 mm以上。其配筋除设计有注明外通常采用φ4冷拔低碳钢丝,水泥用42.5级普通硅酸盐水泥。

c.水泥初凝时拆模,拆模后如发现局部有麻面及掉角现象,应用水泥砂浆修补。

③水磨石花格制作。

a.水磨石花格多用于室内,要求表面平整光洁。

b.制作材料可以选用1:(1.25~2)水泥石渣浆,浇灌后石渣浆表面要使用铁抹子多次刮压,使石渣排列均匀,表面出浆。

c.水泥初凝后即可拆模,之后浇水养护。

d.待水泥石渣达到一定强度后即可打磨,打磨前应在同批构件中选样试磨,以打磨时不掉石子为度。

(2)玻璃花格制作。平板玻璃表面经过磨砂和裱贴、腐蚀以及喷涂等处理可以制成磨砂玻璃、银光玻璃、彩色玻璃。以下仅介绍银光玻璃的加工制作方法。

①银光玻璃的加工程序:涂沥青→贴锡箔→贴纸样→刻纹样→腐蚀→洗涤→磨砂。

②加工方法。

a.涂沥青。先将玻璃洗净,干燥之后涂一层厚沥青漆。

b.贴锡箔。当沥青漆干至不粘手时,将锡箔贴于沥青漆上,要求粘贴平整,尽量减少皱纹和空隙,防止漏酸。

c.贴纸样。将绘于打字纸上的设计图样,用浆糊裱在锡箔上。

d.刻纹样。待纸样干透后,用刻刀按照纹样刻出要求腐蚀的花纹,并用汽油或者煤油将该处的沥青洗净。

e.腐蚀。用木框封边,涂上石蜡,以1:5浓度的氢氟酸倒于需要腐蚀的玻璃面,并依据刻花深度的要求控制腐蚀时间。

f.洗涤。倒去氢氟酸后,用水冲洗数次,用小铁铲将多余的锡箔及沥青漆铲去,并用汽油擦掉,再用水冲洗干净。

g.磨砂。把未进行腐蚀的部分用金刚砂打磨,打磨时加少量的水,最终做成透光而不透视线的乳白色玻璃。

(3)木花饰制作。

①制作工序。选料、下料→刨面、做装饰线→开榫→做连接件、花饰。

②制作方法。木花饰要求轻巧、纤细,所以,必须严格按以下方法制作:

a.选料、下料。按照设计要求选择合适的木材。选材时,毛料尺寸应大于净料尺寸3~5 mm,按设计尺寸锯割成段,存放备用。

b.刨面、做装饰线。将毛料用木工刨刨平、刨光,使其符合设计净尺寸,然后用线刨做装饰线。

c. 开榫。用锯、凿子在要求连接部位开榫头、榫眼以及榫槽,尺寸一定要准确,保证组装后无缝隙。

d. 做连接件、花饰。竖向板式木花饰常用连接件和墙、梁固定,连接件应在安装前按设计做好,竖向板间的花饰也应做好。

(4) 石膏花饰制作。制作石膏花饰的工艺流程为:塑制花饰实样(阳模)→翻阳模→用阴模翻浇花饰。

①塑制实样(阳模)。塑制实样为花饰预制的关键,塑制实样前要审查图纸,领会花饰图案的细节,塑好的实样要求在花饰安装之后不存水,没有倒角,不易断裂。

a. 塑制实样一般有刻花、垛花和泥塑三种。

ⅰ. 刻花。按设计图纸做成实样即可符合要求,一般采用石膏灰浆,或采用木材雕刻。

ⅱ. 垛花。通常用较稠的纸筋灰按设计花样轮廓垛出,用钢片或黄棉木做成的塑花板雕塑而成。因为纸筋灰的干缩率大,垛成的花样轮廓会缩小,因此,垛花时应比实样大出 2% 左右。

ⅲ. 泥塑。用石膏灰浆或者纸筋灰按设计图做成实样即可。

b. 塑料实样注意事项。

ⅰ. 阳模干燥后,表面应刷凡立水(或者油脂)2 ~ 3 遍,若阳模是泥塑的,应刷 3 ~ 5 遍。每次刷凡立水,必须待前一次干燥后才能涂刷,否则凡立水易起皱皮,影响阳模和花饰的质量。刷凡立水的作用:其一是作为隔离层,使阳模易于在阴模中脱出;而其二,在阴模中的残余水分,不致在制作阴模时蒸发,导致阴模表面产生小气孔,降低阴模的质量。

ⅱ. 实样(阳模)做好后,在纸筋灰或者石膏实样上刷三遍漆片(为防止尚未蒸发的水分),以使模子光滑,再将调和好的油(黄油掺煤油)抹上,用明胶制模。

②浇制阴模。浇制阴模的方法有两种:一种为软模,适用于塑造石膏花饰;另一种为硬模,适用于塑造水泥砂浆、水刷石、斩假石等花饰。花饰花纹复杂和过大时要分块制作,通常每块边长不超过 50 cm,边长大于 50 cm 时,模内需加钢筋网或 8 号铅丝网。

a. 软模浇制。

ⅰ. 材料。浇制软模的常用材料是明胶,也有用石膏浇制的。

ⅱ. 明胶的配制。先把明胶隔水加热至 30 ℃,明胶开始溶化,温度达到 70 ℃时停止加热,调拌均匀稍凉后就可灌注。其配合比为明胶:水:工业甘油 =1:1:0.125。

ⅲ. 软模的浇制方法。待实样硬化后,先刷三遍漆片,再抹上掺煤油的黄油调和油料,然后灌注明胶。灌注要一次完成,灌注后约 8 ~ 12 h 取出实样,用明矾及碱水洗净。

ⅳ. 灌注成的软模,如出现花纹不清、边棱残缺、模型变样、表面不平以及发毛等现象,需重新浇制。

ⅴ. 用软模浇制花饰时,每次浇制前在模子上需撒上滑石粉或者涂上其他无色隔离剂。

ⅵ. 石膏花饰适用于软模制作。

b. 硬模浇制。

ⅰ. 在实样硬化后,涂上一层稀机油或者凡士林,再抹 5 mm 厚素水泥浆,待稍干收水后放好配筋,以 1:2 水泥砂浆浇灌,也有采用细石混凝土的。

ⅱ. 一般模子的厚度要考虑硬模的刚度,其最薄处要比花饰的最高点高出 2 cm。

ⅲ.阴模浇灌后3~5 d倒出实样,并把阴模花纹修整清楚,用机油擦净,刷三遍漆片后备用。

ⅳ.初次使用硬模时,需使硬模吸足油分。每次浇制花饰时,模子需要涂刷掺煤油的稀机油。

ⅴ.硬模适用于预制水泥砂浆、水刷石以及斩假石等水泥石渣类花饰。

③花饰浇制。

a.花饰中的加固筋及锚固件的位置必须准确。加固筋可用麻丝、木板或者竹片,不宜用钢筋,防止其生锈时,石膏花饰被污染而泛黄。

b.明胶阴模内应刷清油及无色纯净的润滑油各一遍,涂刷要均匀,不应刷得过厚或漏刷,要避免清油和油脂聚积在阴模的低凹处,导致烧制的石膏花饰出现细部不清晰和孔洞等缺陷。

c.将浇制好的软模放在石膏垫板上,表面涂刷隔离剂不得有遗漏,也不可以使隔离剂聚积于阴模低洼处,防止花饰产生孔眼。下面平放一块稍大的板子,然后把所用的麻丝、板条以及竹条均匀分布放入,随即把石膏浆倒入明胶模,灌后刮平表面。待其硬化后,用尖刀将背面划毛,使花饰安装时易同基层黏结牢固。

d.石膏浆浇注后,通常经10~15 min即可脱模,具体时间以手摸略有热度时为准。脱模时还应注意从何处着手起翻较为方便,又不致损坏花饰,脱模后需修理不齐之处。

e.脱模后的花饰,应平放在木板上,在花脚、花叶、花面以及花角等处,如有麻洞、不齐、不清、多角以及凸出不平现象,应用石膏补满,并用凿子雕刻清晰。

第117讲　花格与花饰安装

(1)花格的安装。

①施工工艺流程。预埋→连接→安装花格。

②施工要点。

a.预埋。竖向板和墙体或梁连接时,在上下连接点要根据竖板间间距尺寸埋入预埋件或留好安装凹槽。如果花格插入竖向板间,板上也应埋预埋件或留槽。

b.连接。将竖板立起,用线坠吊直,并和墙、梁上埋件连接在一起,连接节点可采用焊接、螺栓拧接等方法。竖板连接于凹槽上,应灌浆饱满密实。

c.安装花格。竖板中加花格也采用焊接、螺栓拧接以及插入槽口的方法。焊接、拧接可在竖板安装固定好后进行,插入凹槽应和立装竖板同时进行,经过处理之后的玻璃,安装在木框或金属框上。其安装方法如图8.37所示。

(2)花饰的安装。

①施工工艺流程。基层处理→放线定位→选择试样→花饰钻孔→安装→补缝→表面装饰。

②施工要点。

a.基层处理。花饰安装前应将基层、基底清理干净,处理平整,满足安装花饰的施工条件。

b.放线定位。按照设计要求,放出花饰安装位置确定的安装位置线。在基层已确定的安装位置打入木楔。

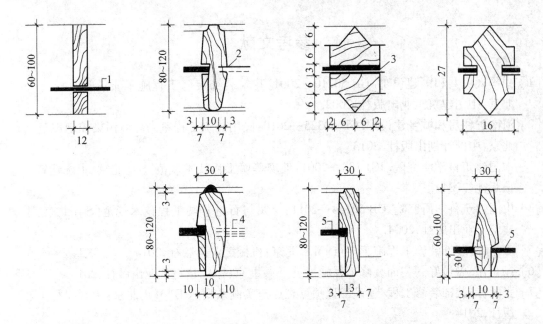

图 8.37　玻璃花格安装示意图(单位:mm)

　　c.选择试拼。在安装预制花饰前,应对花饰的规格、颜色、观感质量等进行比对和挑选,并在放样平台进行试拼,满足设计要求质量标准和效果后(复杂的花饰拼装应按顺序进行编号后),再进行正式安装。

　　d.花饰钻孔。把石膏花饰按设计要求钻孔(花饰产品已有预先加工好安装孔的,对几何尺寸不大、质量轻的花饰可不钻孔直接粘贴)。孔洞应开在不显眼的边角处,应尽可能避免破坏花饰表面图案。

　　e.安装。一般轻型预制花饰采用粘贴法安装,粘贴材料根据花饰材料的品种选用。水泥砂浆花饰和水泥水刷石花饰,使用水泥砂浆或者聚合物水泥砂浆粘贴;石膏花饰采用石膏灰或者水泥浆粘贴;木制花饰与塑料花饰采用胶黏剂粘贴,也可以用木螺钉固定的方法;金属花饰宜采用螺钉固定,也可采用焊接安装。

　　f.补缝。用新拌制的腻子(石膏粉拌水搅拌均匀)填补花饰同基层的连接缝,要求填充均匀、圆滑。用新拌制的腻子修补安装孔洞及花饰表面缺陷,修补花饰与花饰之间的连接缝(连接要求对花)。修补要求尽可能还原花饰原貌。

　　g.表面装饰。当石膏花饰和修补缝完全干燥之后,涂刷 2~3 遍乳胶漆。

参考文献

[1] 中华人民共和国建设部. GB 50210—2001:建筑装饰装修工程施工质量验收规范[S].
    北京:中国建筑工业出版社,2002.

[2] 河南省住房和城乡建设厅. GB 50325—2010:民用建筑工程室内环境污染控制规范[S].
    北京:中国计划出版社,2013.

[3] 中国建筑科学研究院. JGJ 133—2001:玻璃幕墙工程技术规范[S]. 北京:中国建筑工业
    出版社,2004

[4] 中国建筑科学研究院. GB 50164—2011:金属与石材幕墙工程技术规范[S]. 北京:中国
    建筑工业出版社,2004.

[5] 郭丽峰. 装饰装修工程施工要点[M]. 北京:机械工业出版社,2014.

[6] 冯宪伟. 做最好的装饰装修工程施工员[S]. 北京:中国建材工业出版社,2014.

[7] 张国栋. 装饰装修工程/建设工程预算难点与实例系列丛书[M]. 北京:中国建材工业出
    版社,2014.

[8] 李栋,李伙穆. 建筑装饰装修施工技术[M]. 厦门:厦门大学出版社,2013.

[9] 段文涛. 建筑工程施工现场专业人员上岗必读丛书 施工员·装饰装修[M]. 北京:中国
    电力出版社,2014.